DER URSPRUNG

des

MENSCHEN

VORTRAG
gehalten auf dem Vierten internationalen Zoologen-
Congress in Cambridge, am 26. August 1898

VON

**ERNST HAECKEL**

NACHDRUCK DER ORIGINALAUSGABE VON 1905
(ALFRED KRÖNER VERLAG, STUTTGART)

ISBN: 978-3-86741-194-3
©EUROPÄISCHER HOCHSCHULVERLAG GMBH & CO
KG (WWW.EH-VERLAG.DE)

REIHE: HISTORICAL SCIENCE, BAND 20

Ueber unsere gegenwärtige Kenntniss

vom

# Ursprung des Menschen.

Vortrag

gehalten auf dem Vierten Internationalen Zoologen-Congress
in Cambridge, am 26. August 1898

von

**Ernst Haeckel,**
Professor an der Universität Jena.

Achtes und neuntes Tausend.

Stuttgart.
Alfred Kröner Verlag.
1905.

„Die Frage aller Fragen für die Menschheit —
das Problem, welches allen übrigen zu Grunde liegt,
und welches tiefer interessirt als irgend ein anderes —
ist die Bestimmung der Stellung, welche der Mensch in
der Natur einnimmt, und seiner Beziehungen zu der Ge-
sammtheit der Dinge. Woher unser Stamm gekommen
ist, welches die Grenzen unserer Gewalt über die Natur
und der Natur Gewalt über uns sind, auf welches
Ziel wir hinstreben: das sind die Probleme, welche
sich von Neuem und mit unvermindertem Interesse
jedem zur Welt geborenen Menschen darbieten."

Thomas Huxley (1863).

# Vorwort.

Im Frühjahr 1898 erhielt ich die Einladung, auf dem vierten internationalen Zoologen-Congress, welcher vom 22. bis 27. August in Cambridge tagte, einen Vortrag zu halten. Dabei wurde von mehreren Seiten der Wunsch ausgesprochen, ich möchte für diesen Vortrag eine der grossen allgemeinen Fragen wählen, welche gegenwärtig unsere moderne, in so herrlichem Aufblühen begriffene Zoologie bewegen, und sie mit anderen, entfernter liegenden Wissenschaften in nahe Beziehung bringen. Unter diesen Fragen ist keine von grösserem allgemeinen Interesse und von höherer philosophischer Bedeutung als die Frage vom Ursprung des Menschen, diese gewaltige „**Frage aller Fragen**".

Durchdrungen von dieser Ueberzeugung und von der Ansicht, dass nur die **wissenschaftliche Zoologie** — im weitesten Sinne des Begriffes — zur definitiven Lösung dieser Hauptfrage berufen ist, glaubte ich, mich jener Einladung nicht entziehen zu dürfen, und beschloss nach einigen Bedenken, diese Gelegenheit zu einer **kritischen Beleuchtung des gegenwärtigen Zustandes** unserer Kenntnisse vom Ursprung des Menschen zu benutzen. Mein Vortrag (am 26. August in Cambridge gehalten) wurde von dem stark besuchten Congresse mit reichem Beifall begrüsst; entgegengesetzte Anschauungen, zu deren Aeusserung meine Darstellung vielfach Veranlassung gab, und welche man von mehreren Seiten erwartet hatte, wurden nicht laut. Die einzige abweichende Ansicht, die geäussert wurde, bezog sich auf die hypothetische Zahl der Jahrmillionen, welche in der Erdgeschichte seit Beginn des organischen Lebens verflossen sind (vgl. Anmerkung 20). Dagegen hatte ich die erfreuliche Genugthuung, dass mehrere von den angesehensten anwesenden Zoologen, Anatomen und Paläontologen ihre volle Zustimmung zu meinem Vortrage kundgaben, und dass auch andere auf dem Congresse gehaltene Vorträge (insbesondere derjenige über den Ursprung der Säugethiere, am 25. August) sich in denselben Gedankengängen bewegten. Ich darf also wohl annehmen, dass diese Darstellung nicht nur der Ausdruck meiner eigenen festen Ueberzeugung ist, sondern auch derjenigen der zahlreichen, aus allen Culturstaaten versammelten Naturforscher, welche demselben beiwohnten; wenn nicht aller, so doch der überwiegenden Mehrheit!

Vierzig Jahre sind jetzt verflossen, seitdem CHARLES DARWIN die ersten Mittheilungen über seine epochemachende Theorie veröffentlichte. Vierzig Jahre Darwinismus! Welcher ungeheure Fortschritt unserer Natur-Erkenntniss! Und welcher Umschwung unserer wichtigsten Anschauungen, nicht allein in den nächstbetroffenen Gebieten der gesammten Biologie, sondern auch in demjenigen der Anthropologie und ebenso aller sogenannten „Geisteswissenschaften"! Denn mit der wahren Erkenntniss des menschlichen Ursprungs ist auch die feste Grundlage einer physiologischen Erkenntniss-Theorie gewonnen und somit ein unerschütterliches Fundament der naturgemässen Psychologie und der monistischen Philosophie. Um die erstaunliche Tragweite dieses grössten wissenschaftlichen Fortschrittes zu begreifen, muss man zurückschauen auf seine verschiedenen Phasen in den letzten vier Decennien. Im ersten Decennium fast allgemeiner Widerstand gegen die neue Lehre, welche die ganze bisherige Weltanschauung auf den Kopf zu stellen schien; im zweiten Jahrzehnt heftigster Kampf mit unentschiedenen Erfolgen; im dritten Decennium fortschreitender Sieg des Darwinismus auf allen Gebieten der Biologie; im vierten Jahrzehnt endlich allgemeine Anerkennung von Seiten aller competenten Naturforscher. Wir dürfen jetzt am Schlusse unseres Jahrhunderts sagen, dass der Darwinismus und die durch ihn begründete moderne Entwicklungslehre neben dem Substanz-Gesetze und neben der Zellen-Theorie zu seinen glänzendsten Erzeugnissen gehört.

Die erste Veröffentlichung meiner in Cambridge (in englischer Sprache) gehaltenen Rede erfolgte im November-Heft der „Deutschen Rundschau". Der vorliegende Abdruck ist durch Zusätze beträchtlich erweitert und ausserdem mit einer Anzahl von erläuternden Tabellen und Anmerkungen versehen. Möge er seinen Zweck erfüllen und auch in weiteren gebildeten Kreisen die Ueberzeugung der positiven Sicherheit erwecken, mit welcher wir gegenwärtig den Ursprung des Menschen aus einer Reihe von Primaten für wissenschaftlich bewiesen ansehen.

Jena, 10. November 1898.

Ernst Haeckel.

Am Schlusse des neunzehnten Jahrhunderts blicken wir mit gerechtem Stolz auf die gewaltigen und unvergleichlichen Fortschritte, welche menschliche Wissenschaft und Cultur während seines Verlaufes gemacht haben — allen anderen voran die Naturwissenschaft. Diese Thatsache findet ihren charakteristischen Ausdruck darin, dass schon jetzt in vielen Schriften unser Jahrhundert als „das grosse" bezeichnet wird oder als das „Zeitalter der Naturwissenschaft". Jede einzelne Wissenschaft, welche sich mit der Erkenntniss und Geschichte der Natur beschäftigt, erhebt für sich selbst den Anspruch, die grössten Fortschritte aufzuweisen und den anderen voraus zu sein, und jede einzelne kann dafür gute Gründe anführen. Ein unparteiischer und unbefangener Philosoph aber, welcher vergleichend das ganze weite Gebiet überschaut, wird vor allen anderen den ersten Siegespreis unserer Zoologie ertheilen müssen; denn aus ihrem Schoosse ist der Transformismus oder die Descendenz-Theorie geboren, jener gewaltige Hauptzweig der Entwicklungslehre, für welchen JEAN LAMARCK 1809 den ersten Grund gelegt, und welchen fünfzig Jahre später CHARLES DARWIN zur allgemeinen Anerkennung geführt hat.

Es kann nicht meine Aufgabe sein, Ihnen hier nochmals die fundamentale Bedeutung und den unschätzbaren Werth der Descendenz-Theorie vorzuführen. Denn unsere ganze biologische Wissenschaft ist heute von ihr durchdrungen. Keine grosse und allgemeine Frage kann in Zoologie und Botanik, in Anatomie und Physiologie erörtert und gelöst werden, ohne dass die Vorfrage nach der Entstehung des Objectes, nach dem „Werden des Gewordenen" vor Allem sich aufdrängt. Diese Vorfrage fehlte aber fast überall, als CHARLES DARWIN, der grosse Reformator der Biologie, vor siebzig Jahren seine akademischen Studien hier in Cambridge begann, und zwar als Theologe. Das geschah in jenem denkwürdigen Jahre 1828, als in Deutschland CARL ERNST VON BAER seine classische „Entwicklungsgeschichte der Thiere" veröffentlichte, den ersten erfolgreichen Versuch, die Entstehung des individuellen

Thierkörpers durch „Beobachtung und Reflexion" aufzuklären und die „Geschichte der wachsenden Individualität in jeglicher Beziehung" vom einfachsten Keime bis zur vollendeten Reife durchzuführen. DARWIN wusste damals von diesem gewaltigen Fortschritte nichts, und er konnte nicht ahnen, dass diese Keimesgeschichte, die Embryologie oder Ontogenie, vierzig Jahre später zum wichtigsten Fundamente seiner eigenen Lebensaufgabe werden würde, zur sichersten Stütze jener Abstammungslehre, welche von LAMARCK im Geburtsjahre DARWIN's begründet und welche damals von seinem Grossvater, ERASMUS DARWIN, mit lebhaftem Beifall aufgenommen worden war. (Vergl. Anm. 6.)

Unter allen Naturforschern des neunzehnten Jahrhunderts hat CHARLES DARWIN unzweifelhaft den grössten Erfolg gehabt und die tiefste Wirkung ausgeübt, wir bezeichnen ja die letzten vierzig Jahre oft schlechtweg als „das Zeitalter Darwin's". Wenn wir aber die Ursachen dieses beispiellosen Erfolges näher untersuchen, so müssen wir, wie ich schon wiederholt betont habe, drei grosse Verdienste wohl unterscheiden: 1. die totale Reform der Descendenz-Theorie, des Lamarckismus und ihre feste Begründung durch die zahlreichen inzwischen erworbenen Kenntnisse der modernen Biologie; 2. die Begründung der neuen Selections-Theorie, des eigentlichen Darwinismus; und 3. die Ausführung der Anthropogenie, jener wichtigsten Folgerung der Abstammungslehre, die alle anderen Probleme der Entwicklungslehre an Bedeutung weit übertrifft.

Nur über dieses dritte und letzte Verdienst DARWIN's, über die Aufklärung der Abstammung des Menschen, möchte ich heute vor diesem Zoologen-Congresse einen kurzen Bericht erstatten, und zwar in dem Sinne, dass ich kritisch die Sicherheit prüfe, zu welcher gegenwärtig unser Wissen vom Ursprung des Menschen und von den verschiedenen Stufen seines animalen Stammbaums gelangt ist. Dass es sich hier um die wichtigste von allen wissenschaftlichen Fragen handelt, wird heute von keiner Seite mehr bestritten. Denn alle anderen Probleme, welche der menschliche Geist erforschen und erkennen kann, sind ja schliesslich durch die psychologische Erkenntniss-Theorie bedingt und diese wiederum durch die Frage vom animalen Wesen des Menschen, von seinem Ursprung, seiner Entwicklung und seiner Geistesthätigkeit. Mit vollem Rechte konnte daher der grösste englische Zoologe unsers Jahrhunderts, THOMAS HUXLEY, dieses Problem als „die Frage aller Fragen für die Menschheit" bezeichnen, als „das Problem, welches allen übrigen Problemen zu Grunde liegt, und welches tiefer interessirt als irgend ein anderes". Das geschah 1863 in jenen meisterhaften drei Abhandlungen, welche die „Zeugnisse für die Stellung des Menschen in der Natur" im Lichte der DARWIN'schen Lehre zum ersten Male eingehend prüften; die erste behandelt die Naturgeschichte der menschenähnlichen Affen, die zweite die Beziehungen des Menschen zu den nächst niederen Thieren, die dritte einige fossile menschliche Ueberreste. DARWIN selbst hatte 1859 in seinem Hauptwerke „Ueber den Ursprung der Arten" diese wichtigste Consequenz seiner Lehren absichtlich nur flüchtig gestreift in dem kurzen, bedeutungsvollen Hinweise, dass dadurch auch Licht auf den Ursprung des Menschen und seine Geschichte geworfen werden würde. Später (1871) hat DARWIN in seinem berühmten Werke über „Die Abstammung des Menschen und die geschlechtliche Zuchtwahl" sowohl die morphologischen und historischen, als auch die physiologischen und psychologischen Seiten des Problems eingehend in geistreichster Weise gefördert.

Ich selbst hatte bereits 1866 in meiner Generellen Morphologie „die Entwicklungsgeschichte der Organismen in ihrer Bedeutung für die Anthropologie" verwerthet und besonders darauf hingewiesen, dass auch für den Menschen das biogenetische Grundgesetz Geltung hat; bei ihm, wie bei allen anderen Organismen besteht der innigste, auf progressive Vererbung begründete Causal-Zusammenhang zwischen Ontogenie und Phylogenie, zwischen der Keimesgeschichte des Individuums und der Stammesgeschichte seiner Ahnen-Reihe. In dieser letzteren unterschied ich damals zehn verschiedene Hauptstufen innerhalb des Wirbelthier-Stammes. Das Hauptgewicht aber legte ich auf die logische Verknüpfung der Anthropogenie mit dem Transformismus; wenn der letztere wahr ist, hat er auch absolute Gültigkeit für die erstere. „Der Satz, dass der Mensch sich aus niederen Wirbelthieren, und zwar zunächst aus echten Affen, entwickelt hat, ist ein specieller Deductions-Schluss, welcher sich aus dem generellen Inductions-Gesetz der Descendenz-Theorie mit absoluter Nothwendigkeit ergiebt." Die weitere Ausführung dieser Auffassung und ihrer Folgerungen habe ich dann in den verschiedenen Auflagen meiner „Natürlichen Schöpfungsgeschichte" (I. Aufl. 1868, IX. Aufl. 1898) und meiner „Anthropogenie" (I. Aufl. 1874, IV. Aufl. 1891) gegeben; ihre streng wissenschaftliche Begründung im dritten Theile meiner „Systematischen Phylogenie" (1895)[8].

Im Laufe der vierzig Jahre, welche seit der ersten Mittheilung über DARWIN's Theorie jetzt verflossen sind, ist bekanntlich eine umfangreiche polemische Literatur sowohl über ihre allgemeine Bedeutung erschienen, als auch über die Anthropogenie, ihre wichtigste specielle Folgerung. Dass die letztere mit der ersteren untrennbar verknüpft ist, wird heute allgemein anerkannt, und gerade aus diesem innigen Zusammenhang erklärt sich ja auch der zähe Widerstand, den der ganze Transformismus seither von Seiten aller mystischen und orthodoxen Schulen erfahren hat, von Seiten aller Menschen, welche sich von dem hergebrachten anthropocentrischen Aberglauben nicht los machen können. In dem lebhaften Kampfe dagegen sind die verschiedensten Waffen gebraucht worden; wir können uns hier nur auf jene Einwände beziehen, welche auf empirisch-biologischer Grundlage beruhen sollen; wir müssen absehen von allen jenen zahlreichen Angriffen, welche nur auf Grund von metaphysischen und mystischen Speculationen, ohne Kenntniss der empirisch festgestellten Thatsachen der Biologie, unternommen worden sind. Der wichtigste Theil unserer Aufgabe wird dabei die kritische Prüfung der drei grossen Urkunden sein, welche wir allen phylogenetischen Untersuchungen zu Grunde legen, der Paläontologie, der vergleichenden Anatomie und Ontogenie. Wir werden einen Blick auf die bedeutungsvollen Fortschritte zu werfen haben, welche diese drei wichtigsten Hülfswissenschaften der Anthropogenie im letzten Decennium gemacht haben, und sodann kritisch den Grad der positiven Sicherheit untersuchen, welchen auf Grund derselben unsere Kenntniss vom Ursprung des Menschen gegenwärtig erreicht hat.

Vor Allem haben wir hier die Stellung zu prüfen, welche die moderne Zoologie, gestützt auf die vergleichende Anatomie, dem Menschen im natürlichen Systeme des Thierreichs anweist. Denn das Ziel des natürlichen Systems selbst ist ja die Erkenntniss des hypothetischen Stammbaums; und alle die einzelnen grösseren und kleineren Gruppen, welche wir als Classen, Legionen, Ordnungen, Familien, Gattungen und Arten in jedem Stamme unterscheiden, sind nur verschiedene Zweige und Aeste dieses Stammbaums. Nun ist ja für den Menschen selbst diese systematische Stellung auf Grund seines gesammten Körperbaues längst unzweifelhaft festgestellt. Als der grosse LAMARCK im Beginne unseres Jahrhunderts die vier höheren von den sechs Thierclassen LINNE's unter dem Begriffe der Wirbelthiere zusammenfasste, hatte er damit zugleich dem Menschen selbst seine Stellung an deren Spitze angewiesen. LINNE selbst hatte schon 1735 in seinem grundlegenden „Systema Naturae" den Menschen an die Spitze der Säugethiere gestellt und ihn mit den Affen und Halbaffen zusammen in der Ordnung der *„Anthropomorpha"* oder „Menschenförmigen" vereinigt; später nannte er sie Herrenthiere oder *Primates*, — die „Herren der Schöpfung".

Alle Merkmale im Körperbau, durch welche sich die Säugethiere von den übrigen Wirbelthieren unterscheiden, besitzt auch der

Mensch; daher hat sich über seine Zugehörigkeit zu dieser Classe auch niemals Streit erhoben. Dagegen sind über den Platz, welchen der Mensch in einer der Säugethier-Ordnungen einzunehmen hat, die Ansichten auch heute noch verschieden. CUVIER folgte, als er das Thier-System (1817) durch die vergleichende Anatomie neu begründete, dem Vorgange von BLUMENBACH und schuf für den Menschen die besondere Ordnung der Zweihänder *(Bimana)* im Gegensatze zu den Affen und Halbaffen, als Vierhändern *(Quadrumana)*. Diese Anordnung wurde während eines halben Jahrhunderts von den meisten Lehrbüchern beibehalten; sie wurde erst unhaltbar, als HUXLEY 1863 zeigte, dass ihre Grundlage auf einem anatomischen Irrthum beruhe, und dass die Affen ebenso in Wahrheit Zweihänder seien wie der Mensch. Damit war die Primaten-Ordnung im Sinne von LINNÉ wieder hergestellt.

Als drei Unterordnungen der Primaten unterschieden in den letzten dreissig Jahren die meisten Autoren 1. die Halbaffen *(Prosimiae)*, 2. die Affen *(Simiae)* und 3. die Menschen *(Anthropi)*. Andere Zoologen wieder gestanden dem Menschen nur den Rang einer Familie in der Affen-Ordnung zu. Die formenreiche Gruppe der echten Affen *(Simiae* oder *Pitheca)* zerfällt in zwei natürliche Abtheilungen, die geographisch ganz getrennt erscheinen und sich unabhängig von einander in der westlichen und östlichen Erdhälfte entwickelt haben. Die amerikanischen Affen oder Westaffen *(Hesperopitheca)* zeichnen sich durch kurzen knöchernen Gehörgang und breite Nasenscheidewand aus; sie sind daher als Plattnasen *(Platyrrhinae)* unterschieden worden. Dagegen besitzen die Affen der alten Welt, welche Asien und Afrika (früher auch Europa) bewohnen, einen langen knöchernen Gehörgang und eine schmale Nasenscheidewand wie der Mensch; man hat daher diese Ostaffen *(Eopitheca)* auch als Schmalnasen *(Catarrhinae)* bezeichnet. Da der Mensch auch im übrigen Körperbau die morphologischen Merkmale der Ostaffen besitzt und sich dadurch ebenso wie diese von den Westaffen unterscheidet, haben einige Zoologen der Menschen-Gattung ihre systematische Stellung innerhalb der Gruppe der Ostaffen angewiesen[1]). Unzweifelhaft ist diese Unterordnung der Catarrhinen eine ganz natürliche Abtheilung, deren zahlreiche lebende und ausgestorbene Gattungen durch viele und wichtige Merkmale im Körperbau eng verbunden sind; sie umfasst aber trotzdem eine lange Reihe von sehr verschiedenen Bildungsstufen. Die niedersten Schwanzaffen oder Hundsaffen *(Cynopitheca)*, besonders die Paviane *(Papiomorpha)*, erscheinen uns als eine widerwärtige Carricatur der edlen Menschengestalt; sie bleiben auf einer sehr niedrigen Bildungsstufe stehen und schliessen sich den älteren Platyrrhinen und Prosimien an.

Andererseits erheben sich die schwanzlosen Menschenaffen *(Anthropomorpha)* zu einer Höhe der Organisation, welche den unmittelbaren Uebergang zur menschlichen Bildung sonnenklar erläutert. Daher ging einer der genauesten Kenner der Primaten-Anatomie, Robert Hartmann, so weit, dass er vorschlug, die ganze Primaten-Ordnung in drei Familien zu trennen: 1. *Primarii*, (Menschen und anthropomorphe Affen), 2. *Simiae*, eigentliche Affen (Catarrhinen und Platyrrhinen), 3. *Prosimiae* (Halbaffen). Diese Anordnung erscheint gerechtfertigt durch die interessante Entdeckung von Selenka (1890), dass die ganz eigenthümliche Placenta-Bildung des Menschen auch bei den Menschenaffen sich findet, nicht aber bei den übrigen Affen.

Entscheidend für die Frage, welcher von diesen verschiedenen Eintheilungen man den Vorzug geben will, ist der bedeutungsvolle Satz, welchen Huxley 1863 auf Grund der genauesten kritischen Vergleichung aller anatomischen Verhältnisse innerhalb der Primaten-Ordnung aufstellte, und welchen ich seinem scharfsinnigen Begründer zu Ehren das Huxley'sche Gesetz oder den „Pithecometra-Satz von Huxley" genannt habe: „Die kritische Vergleichung aller Organe und ihrer Modificationen innerhalb der Affen-Reihe führt uns zu einem und demselben Resultate: Die anatomischen Verschiedenheiten, welche den Menschen vom Gorilla und Schimpanse scheiden, sind nicht so gross als die Unterschiede, welche diese Menschenaffen von den niedrigeren Affen trennen." Daraus folgt aber für jeden unbefangenen Systematiker die logische Nothwendigkeit, dem Menschen seinen systematischen Platz innerhalb der Affen-Ordnung einzuräumen. Bei gewissenhaftester Prüfung jener Unterschiede und bei strengster logischer Schlussfolgerung können wir aber noch einen Schritt weiter gehen und statt des weiteren Begriffes Affen *(Simiae)* den engeren Begriff Ostaffen *(Catarrhinae)* setzen. Der maassgebende Pithecometra-Satz lautet dann in dieser schärfsten Fassung: „Die vergleichende Anatomie sämmtlicher Organe innerhalb der Catarrhinen-Gruppe führt uns zu einem und demselben Resultate: Die morphologischen Differenzen zwischen dem Menschen und den anthropomorphen Ostaffen sind nicht so gross als diejenigen zwischen diesen Menschenaffen und den papiomorphen Hundsaffen, den niedrigsten Catarrhinen."

Nun können wir diesen unbestreitbaren Pithecometra-Satz, sowie die feste anatomische Begründung des Primaten-Systems unmittelbar für die Stammesgeschichte des Menschen verwerthen. Denn das natürliche System ist innerhalb der Primaten-Ordnung ebenso der Ausdruck der wahren Stammverwandtschaft wie in jeder anderen Gruppe des Thier- und Pflanzenreichs[2]. Daraus ergeben sich folgende wichtige Schlussfolgerungen für den Stammbaum des Menschen: 1. Die Primaten bilden eine natürliche, monophyletische Gruppe; alle Herrenthiere, Halbaffen und Affen, mit Inbegriff des Menschen, stammen von einer gemeinsamen ursprünglichen Stammform ab, einem hypothetischen *Archiprimas*. 2. Von den beiden Ordnungen der Primaten-Legion sind die Halbaffen *(Prosimiae)* die niederen und älteren; aus ihnen haben sich erst später die echten Affen *(Simiae)* entwickelt. 3. Unter diesen letzteren bilden die Ostaffen *(Catarrhinae)* eine natürliche, monophyletische Gruppe; ihre gemeinsame hypothetische Stammform *(Archipithecus)* ist direct oder indirect von einem Zweige der Halbaffen abzuleiten (— gleichviel, wie man ihre Beziehung zu den Westaffen auffasst —). 4. Der Mensch stammt von einer Reihe ausgestorbener Ostaffen ab; die jüngeren Ahnen dieser Reihe gehörten zur Gruppe der schwanzlosen Menschenaffen, mit fünf Kreuzwirbeln *(Anthropoides)*, die älteren zur Gruppe der geschwänzten Hundsaffen, mit drei oder vier Kreuzwirbeln *(Cynopitheca)*. Diese vier Sätze stehen nach unserer Ueberzeugung unerschütterlich fest, gleichviel, welche anatomischen oder paläontologischen Entdeckungen später noch die vielen Stufen der phyletischen Anthropogenesis im Einzelnen näher aufklären werden. (Vergl. den Stammbaum im Anhang, Anm. 2, und dazu das gegenüberstehende System der Primaten, Anm. 1.)

Die vergleichende Anatomie, welche mit kritischem Scharfblick einerseits analytisch die Unterschiede im Körperbau der einzelnen Thierformen prüft, andererseits synthetisch auf Grund ihrer gemeinsamen Merkmale die natürlichen Formengruppen zusammenfasst, hat jenen Pithecometra-Lehrsatz und seine bedeutungsvollen Schlussfolgerungen jetzt endgültig bewiesen. Nicht weniger wichtig als diese morphologischen Erkenntnisse sind aber die physiologischen, welche uns die lehrreiche, bisher leider sehr vernachlässigte vergleichende Physiologie liefert. Denn die unbefangene kritische Vergleichung aller einzelnen Lebensthätigkeiten lehrt uns, dass auch hier nirgends ein durchgreifender Unterschied zwischen Mensch und Affe besteht. Unsere gesammte Ernährung, Verdauung und Kreislauf, Athmung und Stoffwechsel, werden durch dieselben physikalischen und chemischen Processe bewirkt wie bei den Menschenaffen. Dasselbe gilt für die einzelnen Vorgänge bei der Geschlechtsthätigkeit und Fortpflanzung. Dasselbe gilt ebenso für die animalen Functionen der Bewegung und Empfindung. Unsere Sinnesthätigkeit erfolgt nach denselben physikalischen und chemischen Gesetzen, wie bei den Affen. Die Mechanik unseres Knochengerüstes und die Bewegungen, welche unsere Muskeln mittelst dieses Hebel-Apparates ausführen, sind nicht von denjenigen der Menschenaffen verschieden. Früher pries man als besondere Auszeichnung des Menschen den aufrechten Gang; jetzt wissen wir, dass derselbe auch vom Gorilla und Schimpanse, vom Orang und vorzüglich vom Gibbon zeitweise angenommen werden kann.

Nicht anders verhält es sich mit der menschlichen Sprache. Die verschiedenen Laute, durch welche die Affen ihre Empfindungen und Wünsche, Zuneigung und Abneigung mittheilen, müssen von der vergleichenden Physiologie ebenso als „Sprache" bezeichnet werden wie die gleich unvollkommenen Laute, welche kleine Kinder beim Sprechenlernen bilden, und wie die mannigfaltigen Töne, durch welche sociale Säugethiere und Vögel sich ihre Vorstellungen mittheilen. Der modulirte Gesang der Singvögel gehört ebenso in das Gebiet der Sprache wie der ähnliche Gesang der Menschen. Uebrigens giebt es auch einen musikalischen Menschenaffen; der singende Gibbon oder Siamang (*Hylobates syndactylus*) beginnt mit dem Grundton E und durchläuft die ganze chromatische Tonleiter, eine volle Octave hinauf, in reinen und klangvollen halben Tönen. Das alte Dogma, dass nur der Mensch mit Sprache und Vernunft begabt sei, wird auch heute noch bisweilen von angesehenen Sprachforschern vertheidigt, so z. B. von MAX MÜLLER in Oxford. Es wäre hohe Zeit, dass diese irrthümliche, auf Mangel an zoologischen Kenntnissen beruhende Behauptung endlich aufgegeben würde.

Den grössten Schwierigkeiten und dem heftigsten Widerstande begegnet jedoch unser Pithecometra-Satz auf einem einzelnen Gebiete der Nerven-Physiologie, nämlich demjenigen der Seelenthätigkeit. Die wunderbare „Seele des Menschen" soll ein ganz besonderes „Wesen" sein, und es gilt noch heute Vielen für unmöglich, dass sie sich historisch aus der „Affenseele" entwickelt habe. Nun haben uns aber erstens die bewunderungswürdigen Entdeckungen der vergleichenden Anatomie im letzten Decennium bewiesen, dass sowohl der feinere, wie der gröbere Bau des Gehirns beim Menschen derselbe ist wie bei den Menschenaffen; die unbedeutenden Unterschiede zwischen Beiden in der Grösse und Gestalt der einzelnen Gehirntheile sind geringer als die entsprechenden Unterschiede zwischen den Menschenaffen und den niedersten Ostaffen, insbesondere den Pavianen oder Papstaffen. Zweitens lehrt uns die vergleichende Ontogenie, dass der höchst verwickelte Gehirnbau sich beim Menschen aus derselben einfachen Anlage entwickelt wie bei allen übrigen Wirbelthieren, aus fünf hinter einander gelegenen Hirnblasen des Embryo; die besondere Art und Weise, in welcher sich die eigenthümliche Form des Primaten-Gehirns aus jener höchst einfachen embryonalen Anlage hervorbildet, ist beim Menschen ganz gleich derjenigen, welche die Menschenaffen auszeichnet. Drittens überzeugt uns die vergleichende Physiologie durch Beobachtung und Experiment, dass sämmtliche Gehirnfunctionen, ebenso das Bewusstsein und die sogenannten höheren Seelenthätigkeiten, wie die niederen Reflexactionen, beim Menschen durch dieselben physikalischen und chemischen Vorgänge im Nervensystem vermittelt werden wie bei allen übrigen Säugethieren. Viertens endlich erfahren wir durch die vergleichende Pathologie, dass alle sogenannten „Geisteskrankheiten" beim Menschen ebenso durch materielle Veränderungen von bestimmten Gehirntheilen bewirkt werden wie bei den nächst verwandten Säugethieren.

Unbefangene kritische Vergleichung bestätigt auch hier das HUXLEY'sche Gesetz: **Die psychologischen Unterschiede zwischen dem Menschen und den Menschenaffen sind geringer als die entsprechenden Unterschiede zwischen den Menschenaffen und den niedrigsten Affen.** Und diese physiologische Thatsache entspricht genau dem anatomischen Befunde, welchen uns die betreffenden Unterschiede im Bau der **Grosshirnrinde**, des wichtigsten „Seelenorgans", darbieten. Die hohe Bedeutung dieser Erkenntniss wird uns noch klarer, wenn wir dabei die ausserordentlichen Unterschiede des Seelenlebens innerhalb des Menschengeschlechts selbst in's Auge fassen. Da sehen wir hoch oben einen Goethe und Shakespeare, einen Darwin und Lamarck, einen Spinoza und Aristoteles — und damit vergleichen wir nun tief unten einen Wedda und Akka, einen Australneger und Dravida, einen Buschmann und Patagonier! Der gewaltige Abstand im Seelenleben jener höchsten und dieser niedersten Vertreter des Menschengeschlechts ist weit grösser als derjenige zwischen den letzteren und den Menschenaffen[2]).

Wenn nun trotzdem auch heute noch in den weitesten Kreisen die „Menschen-Seele" als ein besonderes „Wesen" betrachtet und als wichtigstes Zeugniss gegen die verrufene „Abstammung des Menschen vom Affen" in den Vordergrund gestellt wird, so erklärt sich dies einerseits aus dem tiefen Zustande der sogenannten „Psychologie", andererseits aus dem weit verbreiteten Aberglauben an die „Unsterblichkeit der Seele". Die Wissenschaft, welche auch heute noch in den meisten Lehrbüchern und auf den meisten akademischen Lehrstühlen als „Psychologie" docirt wird, ist nicht wahre empirische Seelenkunde, nicht Physiologie der Seelenorgane, sondern vielmehr eine phantastische Metaphysik, zusammengesetzt aus einseitiger introspectiver Selbstbeobachtung und unkritischer Vergleichung, aus missverstandenen Wahrnehmungen und unvollständigen Erfahrungen, aus speculativen Verirrungen und religiösen Dogmen. Die meisten sogenannten „Psychologen" kennen nicht einmal den feineren Bau des Gehirns und der Sinnesorgane, jener bewunderungswürdigen und überaus complicirten Werkzeuge, welche einzig und allein die Seelenthätigkeit beim Menschen wie bei den Thieren vermitteln. Die meisten Psychologen besitzen noch heute keine Kenntniss von den bedeutungsvollen Ergebnissen der modernen Experimental-Psychologie und Psychiatrie, oder sie ignoriren dieselben absichtlich; ja sie kennen nicht einmal die factische Localisation der einzelnen Seelenthätigkeiten, ihr Gebundensein an die normale Beschaffenheit einzelner Gehirntheile.

Die überraschenden Aufschlüsse, welche uns hierüber die feinere Anatomie und Ontogenie des menschlichen Gehirns, unterstützt durch die experimentelle Physiologie und Pathologie, erst in den letzten vier Jahren gegeben hat, gehören zu den wichtigsten Entdeckungen des neunzehnten Jahrhunderts. Allerdings sind dieselben bis jetzt erst wenig in weitere Kreise gedrungen; allein das erklärt sich einerseits durch die grosse Schwierigkeit des Verständnisses, welche die höchst verwickelte Architektur unseres Gehirns darbietet, anderseits aus dem hartnäckigen passiven Widerstand der herrschenden Schul-Psychologie. Die Localisation der höheren Seelenthätigkeiten auf das Gebiet der Grosshirnrinde war schon vor zehn Jahren durch die bedeutungsvollen Untersuchungen von GOLTZ, MUNK, WERNICKE, EDINGER u. A. nachgewiesen. Neuerdings aber ist es PAUL FLECHSIG (1894) gelungen, die einzelnen Theile dieses Gebietes bestimmter von einander abzugrenzen; er hat nachgewiesen, dass in der grauen Rindenzone des Hirnmantels vier Gebiete der centralen Sinnesorgane oder vier „innere Empfindungssphären" deutlich gesondert sind, die Körperfühlsphäre im Scheitellappen, die Riechsphäre im Stirnlappen, die Sehsphäre im Hinterhauptslappen, die Hörsphäre im Schläfenlappen. Zwischen diesen vier „Sinnesherden" liegen die vier grossen Denkherde oder Associons-Centren (— gewöhnlich „Associations-Centren" genannt —), die realen Organe des Geisteslebens; sie sind jene höchsten Werkzeuge der Seelenthätigkeit, welche das Denken und das Bewusstsein vermitteln: vorn das Stirnhirn oder „frontale Associons-Centrum", hinten oben das Scheitelhirn oder „parietale Associons-Centrum", hinten unten das Principalhirn oder das „grosse occipito-temporale Associons-Centrum" (das wichtigste von Allen!) und endlich tief unten, im Inneren versteckt, das Inselhirn oder die „Reil'sche Insel", das „insulare Associons-Centrum". Diese vier Denkherde, durch eigenthümliche und höchst verwickelte Nervenstructur vor den zwischenliegenden Sinnesherden ausgezeichnet, sind die wahren „Denkorgane", die einzigen realen Werkzeuge unseres Geisteslebens [10]).

Das bedeutendste Hinderniss für die Anerkennung dieses grössten Fortschrittes der natürlichen Psychologie bildet noch in weitesten Kreisen das hochgehaltene Dogma von der „Unsterblichkeit der Seele". Dieser verhängnissvolle, von rohen Naturvölkern in den verschiedensten Mythen ausgebildete Aberglaube war schon im sechsten Jahrhundert vor Christus von der ionischen Naturphilosophie überwunden worden; er war auch der mosaischen Religion unbekannt, ebenso wie der buddhistischen. Erst durch die mystischen Speculationen von PLATO, von CHRISTUS und von MUHAMMED gewann derselbe seine systematische Ausbildung; begünstigt durch den Untergang der classischen Hellenen-Cultur und durch die Ausbreitung der päpstlichen Hierarchie in dem rohen Mittelalter, beherrschte derselbe länger als ein Jahrtausend die gesammte höhere Geistesbildung. Obgleich nun freidenkende Philosophen, besonders seit der Reformationszeit, vielfach die Unhaltbarkeit des Unsterblichkeits-Glaubens darlegten, blieb doch seine definitive wissenschaftliche Widerlegung der monistischen Natur-Erkenntniss des letzten halben Jahrhunderts vorbehalten [11]). Das universale Substanz-Gesetz — das grosse „Gesetz von der Erhaltung der Materie und von der Erhaltung der Energie" — beherrscht das Seelenleben der Thiere und des Menschen ebenso wie alle anderen Naturerscheinungen; es muss uns auf Grund desselben heute ganz absurd erscheinen, wenn man eine einzige Ausnahme von diesem obersten Naturgesetze zu Gunsten der Nerven-Physiologie eines einzigen Säugethieres machen will, welches sich erst viele Millionen von Jahren nach Beginn des organischen Erdenlebens aus einer tertiären Primaten-Reihe langsam und stufenweise entwickelt hat [12]).

Da wir uns hier auf die universale Gültigkeit des Substanz-Gesetzes berufen müssen, wollen wir nicht unterlassen zu erwähnen, welche mächtige Stütze dieses höchste Naturgesetz gerade durch die erstaunlichen Fortschritte der Zoologie in den letzten vierzig Jahren erhalten hat. Denn wie der Darwinismus die Herrschaft der mechanischen Causalität für das Gesammtgebiet der organischen Entwickelung nachgewiesen hat, so ist durch dessen wichtigsten Folgeschluss, durch den Pithecometra-Satz, ihre allgemeine Geltung auch für die gesammte Anthropologie bewiesen worden. Nicht allein das Dogma von der persönlichen Unsterblichkeit der menschlichen Seele ist mit dem Substanz-Gesetz unvereinbar, sondern ebenso auch die beiden anderen grossen, eng damit verknüpften Glaubenssätze, das Dogma von der **Freiheit des menschlichen Willens** und das Dogma von der Existenz eines menschenähnlichen „**persönlichen Gottes**", als Schöpfers, Erhalters und Regierers der Welt [13]).

In der modernen Philosophie ist gegenwärtig vielfach die Ansicht verbreitet, dass diese drei **Central-Dogmen** — die Hauptstützen der mystischen und dualistischen Weltanschauung! — trotz aller Fortschritte der modernen Natur-Erkenntniss unerschüttert fortbestünden. Wenn sich aber der Glaube mit Vorliebe dabei auf die **kritische** Philosophie von IMMANUEL KANT beruft, so vergisst er den wichtigen Umstand, dass die **apriorischen Fundamente** derselben rein **dogmatisch** waren. Die mystischen Nebel-Gestalten jener drei Central-Gespenster lösen sich auf in dem hellen Sonnenschein der **Wahrheit**, welchen das Substanz-Gesetz, die Descendenz-Theorie und der Pithecometra-Satz über die „Welträthsel" verbreiten.

Die nächste Frage ist nun, wie sich die **Paläontologie** zu jenen inhaltschweren Ergebnissen der vergleichenden Anatomie und zu ihrer Anwendung auf das Primaten-System und auf die Phylogenie verhält. Denn die **Versteinerungen** sind ja die wahren „**Denkmünzen der Schöpfung**", die unmittelbaren Zeugnisse für die historische Succession der zahreichen Formengruppen, welche unseren Erdball seit vielen Jahrmillionen bevölkert haben. Liefern uns die Petrefacten der Primaten bestimmte Anhaltspunkte für die obigen Pithecometra-Sätze? Und bestätigen sie direct die viel umstrittene „**Abstammung des Menschen vom Affen**"? Nach unserer Ansicht ist diese Frage unbedingt zu bejahen. Freilich sind aus bekannten Gründen die **negativen Lücken** der paläontologischen Urkunden, hier wie überall, sehr empfindlich; und gerade im Primaten-Stamm sind sie, da die meisten Herrenthiere auf Bäumen kletternd leben, grösser als in vielen anderen Thiergruppen. Aber diesen leeren Lücken steht andererseits eine stetig wachsende Zahl von **positiven Thatsachen** gegenüber; und diese erst neuerdings entdeckten Versteinerungen besitzen einen phylogenetischen Werth, der nicht hoch genug anzuschlagen ist. Das wichtigste und interessanteste von diesen Primaten-Petrefacten ist der berühmte *Pithecanthropus erectus*, welchen EUGEN DUBOIS 1894 in Java gefunden hat. Da dieser pliocäne Affenmensch auf dem letzten Zoologen-Congresse, vor drei Jahren in Leyden, eine lebhafte Discussion hervorrief, mögen mir hier einige Worte zur Beurtheilung desselben gestattet sein.

Aus den Verhandlungen des Congresses in Leyden (bei welchem ich nicht zugegen war) ersehe ich, dass damals die angesehensten zoologischen und anatomischen Autoritäten höchst verschiedene Ansichten über die Natur des merkwürdigen Pithecanthropus äusserten. Leider waren seine Reste, ein Schädeldach, ein Oberschenkel und einige Zähne, so unvollständig, dass ein abschliessendes Urtheil nicht möglich war. Das Endergebniss der langen und eifrigen darüber geführten Debatte war, dass von ungefähr zwölf angesehenen Autoritäten drei die fossilen Reste auf einen Menschen, drei auf einen Affen bezogen; sechs oder mehr andere Zoologen hingegen erklärten sie für das, was sie auch nach meiner Meinung wirklich sind: fossile Ueberreste einer ausgestorbenen **Uebergangsform** zwischen Mensch und Affe. In der That scheint mir, nach den einfachen Gesetzen der **Logik**, nur diese eine Schlussfolgerung berechtigt: *Pithecanthropus erectus* von Dubois ist in der That ein Ueberrest jener ausgestorbenen Mittelgruppe zwischen Mensch und Affe, welcher ich schon 1866 als hypothetisches Verbindungsglied den Namen *Pithecanthropus* beigelegt hatte; er ist das vielgesuchte „**fehlende Glied**" (*Missing link*) in der Kette der höchsten Primaten [14]).

Der verdienstvolle Entdecker des *Pithecanthropus erectus*, EUGEN DUBOIS, hat nicht allein seine hohe Bedeutung als „*Missing link*" überzeugend dargelegt, sondern auch in sehr scharfsinniger Weise die wichtigen Beziehungen beleuchtet, welche dieses verbindende Mittelglied einerseits zu den niederen Rassen des Menschengeschlechts, andrerseits zu den verschiedenen bekannten Arten der Menschenaffen besitzt, sowie auch zu der gemeinsamen hypothetischen Stammform dieser ganzen Gruppe von **Primariern** oder *Anthropomorphen*. Diese gemeinsame Stammform nennt DUBOIS *Prothylobates* (**Urgibbon**); sie wird im Wesentlichen denselben Körperbau besessen haben wie der heutige **Gibbon** (*Hylobates*) in Süd-Asien, und wie der fossile *Pliopithecus*, dessen versteinerte Ueberreste im mittleren Tertiär-Gebirge von Mittel-Europa gefunden wurden (im oberen Miocän von Frankreich, der Schweiz und Steiermark). Derselbe stammt ab von einer älteren generalisirten Affenform, welche in der älteren Miocän-Zeit lebte, und welche man als den gemeinsamen Stammvater sämmtlicher Ostaffen betrachten kann, sowohl der geschwänzten Cynopitheken, als der schwanzlosen Anthropomorphen. Unter diesen letzteren kennen wir jetzt sowohl lebende Gibbon-Arten, welche dem *Pliopithecus* noch sehr nahe stehen, als auch fossile Menschenaffen, welche direct zum *Pithecanthropus* hinüber führen; eine solche Zwischenform ist der

*Palaeopithecus sivalensis*, dessen Skelett in den jüngsten Tertiär-Schichten Ostindiens gefunden wurde, in dem pliocänen Siwalik-Gebirge.

Für die richtige Beurtheilung des bedeutungsvollen *Pithecanthropus* und seiner Mittelstellung zwischen den Menschenaffen und Menschen sind zwei Verhältnisse besonders werthvoll; erstens die ganz menschenähnliche Bildung des Oberschenkels, und zweitens die relative Grösse des Gehirns. Unter den wenigen heute noch lebenden Menschenaffen gelten die Gibbons (*Hylobates*) zwar als die niedersten und ältesten, welche der gemeinsamen Stammform aller Anthropomorphen am nächsten stehen; sie sind aber auch am meisten Generalisten und erscheinen vorzüglich geeignet, die „Transformation des Affen in den Menschen" zu erläutern. Die Gibbons haben mehr als die anderen lebenden Anthropoiden die Gewohnheit, freiwillig den aufrechten Gang anzunehmen, wobei die Füsse mit der ganzen Sohle auftreten und die langen Arme als Balancirstangen benutzt werden. Dagegen sind die anderen modernen Menschenaffen (Orang, Schimpanse und Gorilla) viel weniger geneigt, den aufrechten Gang zu versuchen, und sie treten dabei gewöhnlich nicht mit der vollen Fusssohle auf, sondern mehr mit deren Aussenrand; auch in anderer Beziehung tragen sie mehr den Charakter von Specialisten, den besonderen Bedingungen ihrer kletternden Lebensweise auf Bäumen angepasst. So erklärt es sich, dass gerade der Oberschenkel bei *Hylobates* und bei *Pithecanthropus* weit mehr der menschlichen Bildung sich nähert als derjenige des Orang, Gorilla und Schimpanse.

Aber auch der Schädel, dieses „geheimnissvolle Gefäss" des Seelenorgans, nähert sich beim Pithecanthropus, ebenso wie beim Gibbon, in wichtigen Beziehungen am meisten den menschlichen Verhältnissen. Es fehlen die derben Knochenleisten, welche den Schädel der übrigen Anthropoiden auszeichnen. Die relative Grösse des Gehirns (— im Verhältniss zur gesammten Körpergrösse —) ist bei diesen letzteren nur halb so gross als beim Gibbon. Der Rauminhalt des Schädels beträgt beim Pithecanthropus zwischen 900 und 1000 Kubikcentimeter, also ungefähr zwei Drittel von der Capacität einer mittelgrossen menschlichen Schädelhöhle. Dagegen erreicht derselbe bei den grössten lebenden Anthropoiden höchstens die Hälfte von ersterem, 500 Kubikcentimeter. Somit steht die Schädel-Capacität, also auch die Gehirngrösse, beim Pithecanthropus genau in der Mitte zwischen derjenigen der Menschenaffen und der niederen Menschenrassen; und dasselbe gilt für die charakteristische Profillinie des Gesichtes. Man vergleiche damit den Schädel der niedersten, am meisten pithecoiden Menschen-

Rassen. Unter diesen sind besonders die noch lebenden Pygmäen, die kleinen Weddas von Ceylon und die Akkas von Central-Afrika von grossem Interesse [15]). Die unbefangene Vergleichung aller dieser anatomischen Thatsachen bezeugt unzweideutig den Charakter des *Pithecanthropus* als einer wahren „Uebergangsform vom Menschenaffen zum Menschen"; er ist in Wahrheit das vielgesuchte und von Vielen als höchst wichtig betrachtete „fehlende Glied" in der Kette unserer Primaten-Ahnen, das vielbesprochene „*Missing link*"!

Den hartnäckigsten Widerspruch gegen diese folgenschwere, jetzt von fast allen sachkundigen Naturforschern angenommene Deutung erhob von Anfang an der berühmte Berliner Pathologe Rudolf Virchow. Er reiste zu dem besonderen Zwecke nach Leyden, die Uebergangs-Bildung des Pithecanthropus zu widerlegen; indessen hatte er mit seinen Angriffen kein Glück. Seine Behauptung, dass der Schädel und der Oberschenkel vom Pithecanthropus nicht zusammengehören, dass der erstere einem Affen, der letztere einem Menschen angehöre, wurde sofort von den anwesenden sachkundigen Paläontologen widerlegt; sie erklärten auf Grund des höchst sorgfältigen und gewissenhaften Fundberichtes einstimmig: „es könne nicht der geringste Zweifel daran bestehen, dass die betreffenden Funde von einem und demselben Individuum herrühren". Virchow behauptete ferner, dass eine krankhafte Knochenwucherung am Oberschenkel des Pithecanthropus seine menschliche Natur deutlich beweise; denn nur durch sorgsame Pflege von Menschenhand hätte der Kranke genesen können. Gleich darauf zeigte der berühmte Paläontologe Marsh eine Anzahl von ähnlichen Exostosen an Schenkelknochen wilder Affen, die keine „Krankenpflege" genossen hatten und trotzdem geheilt waren. Jede grössere osteologische Sammlung enthält übrigens ähnliche Präparate; erfahrene Jäger wissen, dass auch Knochenbrüche und Knochenentzündungen von Füchsen, Hasen, Hirschen, Rehen u. s. w. ganz gut in freiem Zustande heilen können ohne Pflege von Menschenhand. Endlich behauptete Virchow, dass die tiefe Einschnürung zwischen dem Oberrand der Augenhöhlen und dem niederen Schädeldach des Pithecanthropus — ein Zeichen für sehr tiefe Bildung der Schläfengruben — für seine Affennatur entscheidend sei, und dass diese Bildung beim Menschen niemals vorkomme. Wenige Wochen später zeigte der Paläontologe Nehring (der von Anfang an die richtige Deutung von Dubois vertreten hatte), dass ganz dieselbe Bildung an einem Menschenschädel von Santos in Brasilien vorhanden war [16]).

Ebenso wenig Glück hatte Virchow mit seiner „pathologischen"

Deutung von Schädeln niederer Menschen-Rassen schon früher gehabt. Die berühmten Schädel von Neanderthal, von Spy, von Moulin-Quignon, von La Naulette u. s. w. — sämmtlich interessante vereinzelte Ueberreste von ausgestorbenen niederen Menschen-Rassen, welche zwischen dem Pithecanthropus und den niedersten Menschen-Rassen der Gegenwart standen —, sie alle wurden von Virchow für abnorme krankhafte Bildungen, für pathologische Producte erklärt; ja zuletzt gelangte der scharfsinnige Pathologe zu der unglaublichen Behauptung, dass „alle Variationen organischer Formen pathologisch", nur durch Krankheit hervorgebracht seien. Demnach sind alle unsere veredelten Cultur-Producte, die Jagdhunde und Rennpferde, das veredelte Getreide und das feine Tafelobst, lediglich kranke Naturobjecte, durch pathologische Veränderung aus den allein „gesunden" wilden Urformen entstanden.

Um diese seltsamen Behauptungen von Virchow begreiflich zu finden, muss man bedenken, dass derselbe seit mehr als dreissig Jahren als seine wissenschaftliche Hauptaufgabe die Widerlegung des Darwinismus und der gesammten damit verknüpften Entwicklungslehre betrachtet. Mit grösster Hartnäckigkeit vertheidigt er die Constanz der Species, die jetzt von allen urtheilsfähigen Naturforschern aufgegeben ist; worin nun aber das Wesen und der Begriff der „wahren Art" oder Species liegt, vermag er so wenig zu sagen wie irgend ein anderer Gegner des Transformismus. Die wichtigste Consequenz des letzteren, die „Abstammung des Menschen vom Affen", bekämpft Virchow bekanntlich mit ganz besonderem Eifer und Nachdruck: „Es ist ganz gewiss, dass der Mensch nicht vom Affen abstammt." Diese Behauptung des Berliner Pathologen wird seit zwanzig Jahren in theologischen und anderen Zeitschriften — angeblich als entscheidendes Urtheil höchster Autorität! — unzählige Male wiederholt — unbekümmert darum, dass jetzt fast alle urtheilsfähigen Sachkenner die entgegengesetzte Ueberzeugung vertreten. Nach Virchow ist der „Affenmensch" nur „im Traume vorstellbar"; die versteinerten Reste des *Pithecanthropus* sind die handgreifliche Widerlegung jener unbegründeten Behauptung[17]).

Wie sehr gerade die grossartigen Fortschritte der Paläontologie in den letzten dreissig Jahren auch sonst für unsere Pithecoiden-Theorie fruchtbar geworden sind, zeigt am besten das Beispiel der Primaten-Legion selbst. Cuvier, der Begründer der wissenschaftlichen Petrefactenkunde, behauptete bis zu seinem Tode (1832), dass es keine Versteinerungen von Affen gebe; den einzigen fossilen Halbaffen, dessen Schädel er beschrieb (*Adapis*), hielt er irrthümlich für ein Hufthier. Erst 1836 wurden in Indien die ersten versteinerten Reste von Affen gefunden, 1838 der *Mesopithecus penthelicus* bei Athen und erst 1862 weitere Reste von fossilen Halbaffen. In den letzten beiden Decennien aber sind uns durch die Entdeckungen von GAUDRY, FILHOL, SCHLOSSER, besonders aber durch die reichen Funde der amerikanischen Paläontologen MARSH, COPE, LEIDY, OSBORN, AMEGHINO u. A. so zahlreiche ausgestorbene Primaten bekannt geworden, dass wir jetzt einen befriedigenden allgemeinen Einblick in die reiche Entwicklung dieser höchsten Säugethier-Legion während der Tertiärzeit gewonnen haben. Mit hoher Bewunderung habe ich kürzlich in London die lehrreiche Serie von fossilen Herrenthieren betrachtet, welche in den herrlichen paläontologischen Sälen des Museum of Natural History in South Kensington aufgestellt sind, darunter ein riesiger fossiler Halbaffe, welcher der menschlichen Statur nahe kam, und welchen FORSYTH MAJOR erst kürzlich auf der Insel Madagascar entdeckte (*Megaladapis madagascariensis*).

Als wichtigster Unterschied zwischen den beiden Hauptgruppen der echten Affen gilt noch heute, wie zu CUVIER's Zeit, die charakteristische Gebissbildung. Der Mensch besitzt zweiunddreissig Zähne von sehr charakteristischer Bildung und Anordnung, gleich sämmtlichen Ostaffen. Die Westaffen dagegen haben sechsunddreissig Zähne, nämlich einen Lückenzahn mehr in jeder Kieferhälfte. Die vergleichende Zahnkunde war zu der phylogenetischen Hypothese berechtigt, dass diese Zahl durch Rückbildung aus einer höheren Zahnformel entstanden sei, aus vierundvierzig Zähnen; denn diese typische Gebissform (in jeder Kieferhälfte drei Schneidezähne, ein Eckzahn, vier Lückenzähne und drei Backzähne) ist allen jenen älteren Säugethieren der Eocänperiode gemeinsam, welche wir als die Stammformen der Hauptgruppen der Zottenthiere (*Placentalia*) betrachten: Lemuravida, Condylarthra, Esthonychida und Ictopsida. Diese vier alttertiären Stammformen der Herrenthiere, der Hufthiere, der Nagethiere und der Raubthiere stehen sich im gesammten Körperbau so nahe, dass wir sie in einer gemeinsamen Stammgruppe der Placentalthiere vereinigen können, der Urzottenthiere (*Prochoriata*). Mit grosser Wahrscheinlichkeit knüpfen wir jetzt daran die weitere monophyletische Hypothese, dass alle Zottenthiere oder Placentalien — von den niedersten Prochoriaten bis zum Menschen hinauf — von einer gemeinsamen unbekannten Stammform der Kreidezeit abstammen, und dass dieses älteste Zottenthier aus einer älteren, in der Juraperiode lebenden Beutelthier-Gruppe entsprungen war.

Nun besitzen wir aber unter jenen zahlreichen fossilen Halbaffen, die erst in den letzten beiden Decennien gefunden sind, in der That alle die gewünschten Zwischenglieder, alle die „Missing links", welche von der phyletischen Gebisskunde gefordert wurden. Die ältesten Prosimien der Tertiärzeit, die alt-eocänen Pachylemuren (oder Hyopsodinen), haben noch die ursprünglichen vierundvierzig Zähne der Placentalien-Stammgruppe, in jeder Kieferhälfte oben und unten drei Schneidezähne, einen Eckzahn, vier Lückenzähne und drei Backenzähne. Ihnen folgen die eocänen Necrolemuren (oder Adapiden) mit vierzig Zähnen; sie haben einen Schneidezahn in jeder Kieferhälfte verloren. An diese schliessen sich die jüngeren Autolemuren (oder Stenopiden) an mit sechsunddreissig Zähnen (ein Prämolar weniger); sie haben also bereits dieselbe Zahnformel wie die Platyrrhinen, die amerikanischen Affen. Das Gebiss der Catarrhinen ist aus diesem durch Verlust eines zweiten Prämolaren entstanden. Diese Beziehungen sind so klar, und sie gehen so deutlich Hand in Hand mit der Umbildung des ganzen Schädels und der stärkeren Ausbildung der typischen Primatenform, dass wir sagen dürfen: Die allgemeinen Grundzüge des Primaten-Stammbaums von den ältesten eocänen Halbaffen bis zum Menschen hinauf liegen innerhalb der Tertiärzeit klar vor unseren Augen; da giebt es kein wesentliches „fehlendes Glied" mehr. Die phyletische Einheit des Primaten-Stammes, vom ältesten Lemuren bis zum Menschen hinauf, ist eine historische Thatsache.

Anders verhält es sich, wenn wir die Tertiärzeit verlassen, und in der Secundärzeit die ältere Ahnenreihe der Säugethiere aufsuchen. Da stossen wir allenthalben auf empfindliche Lücken der paläontologischen Urkunde, und die verhältnissmässig sehr geringen Reste der mesozoischen Säugethiere (besonders spärlich in der Kreide) sind zu dürftig, um bestimmte Schlüsse über die systematische Stellung der betreffenden Mammalien zu gestatten. Allerdings zwingt uns die vergleichende Anatomie und Ontogenie zu der Annahme, dass die cretassischen Placentalien von jurassischen Marsupialien abstammen und diese von triassischen Monotremen. Wir können auch darauf hin vermuthen, dass unter den unbekannten Zottenthieren der Kreide sich Lemuraviden und andere Prochoriaten befanden, dass die Amphitheriden des Jura deren Beutelthier-Ahnen waren, und dass die Monotremen-Ahnen dieser letzteren unter den Pantotherien der Triaszeit zu suchen sind. Aber sichere Beweise für diese phyletischen Hypothesen liefert uns die Paläontologie bis jetzt nicht. Nur die eine wichtige Erkenntniss wird durch sie bestätigt, dass die ältesten Säugethiere des mesozoischen Zeitalters, die Pantotherien und Allotherien der Trias, kleine, niedrig organisirte, meist insectenfressende Thiere waren, welche die Ableitung von älteren Wirbelthieren, von Reptilien oder Amphibien, gestatten. Auch widersprechen sie nicht der Annahme, dass die ganze Classe der Säugethiere, von den ältesten Monotremen bis zum Menschen hinauf, monophyletisch ist, dass alle Glieder derselben von einer einzigen gemeinsamen Stammform abzuleiten sind.

Diese positive Ueberzeugung von der phyletischen Einheit der Säugethier-Classe, von ihrem gemeinsamen Ursprunge aus einer einzigen ausgestorbenen Stammgruppe, wird jetzt von allen sachkundigen Zoologen getheilt, und ich halte sie für einen der grössten Fortschritte der modernen Thierkunde. Gleichviel, welches Organsystem der verschiedenen Mammalien-Ordnungen wir vergleichend betrachten, überall finden wir diese typische Uebereinstimmung in den wesentlichen Merkmalen des gröberen und feineren Baues. Nur bei den Säugethieren ist die Haut mit echten Haaren bedeckt, wesshalb OKEN dieser Classe den Namen „Haarthiere" gab. Nur in dieser Classe findet sich allgemein jene merkwürdige Art der Brutpflege, die Ernährung des neugeborenen Kindes durch die Milch der Mutter. Hier liegt die physiologische Quelle jener höchsten Form der Mutterliebe, welche einen so bedeutungsvollen Einfluss auf das Familienleben der verschiedenen Säugethiere, wie auf die Cultur und das höhere Seelenleben des Menschen ausgeübt hat. Von ihr singt der Dichter Chamisso mit Recht:

„Nur eine Mutter, die da liebt
Das Kind, dem sie die Nahrung giebt,
Nur eine Mutter weiss allein,
Was lieben heisst und glücklich sein."

Wenn die Madonna uns als das erhabenste und reinste Urbild dieser menschlichen Mutterliebe erscheint, so erblicken wir andererseits in der „Affenliebe", in der übertriebenen Zärtlichkeit der Affenmütter, das Gegenstück eines und desselben mütterlichen Instinctes. Die langsame Entwickelung desselben im Laufe vieler Jahrmillionen, von der Triasperiode bis zur Gegenwart, geht Hand in Hand mit einer ganzen Reihe von wichtigen Umbildungen. Denn die Anpassung des neugeborenen Säugethieres an das Milchsaugen hat ebensowohl an seinem eigenen Körper, wie an demjenigen seiner Mutter eine Reihe von bedeutungsvollen Veränderungen hervorgerufen. Während sich in der mütterlichen Haut die Milchdrüse durch Reizung und Differenzirung aus einer Gruppe von gewöhnlichen Hautdrüsen entwickelte, entstand durch die Saugbewegungen des kindlichen Mundes das Gaumensegel und weiterhin der Kehldeckel — zwei Schlundorgane, welche nur den Säugethieren zukommen. Im Zusammenhang damit veränderte sich der Mechanismus der Athmung; das zeigt sich sowohl im feineren Bau der Lunge, als in der Ausbildung eines vollständigen Zwerchfells. Nur bei den Säugethieren bildet dieses musculöse Diaphragma eine vollkommene Scheidewand zwischen Brusthöhle und Bauchhöhle; bei allen älteren Wirbelthieren bleiben beide Höhlen in offenem Zusammenhang. Aber auch an dem Knochengerüste des Körpers und vor Allem am Schädel treten in Folge dessen wichtige Umbildungen ein. Wohl die merkwürdigste von diesen ist die Umbildung des Kiefergelenks, durch die sich die Säugethiere höchst auffallend von allen übrigen Wirbelthieren unterscheiden. Das Gelenk, in welchem ihr Unterkiefer sich am Schläfenbein bewegt, ist ein Temporalgelenk, während das ursprüngliche Gelenk ihrer Reptilien- und Amphibien-Ahnen ein Quadratgelenk war. Dieses letztere ist bei den Mammalien in die Trommelhöhle hineingerückt und vermittelt hier die Verbindung der beiden ihnen eigenthümlichen Gehörknochen, Hammer und Amboss; der Hammer ist aus dem ursprünglichen Gelenkstück des Unterkiefers entstanden, der Amboss dagegen aus dem Quadratbein oder Kieferstiel der Reptilien-Ahnen.

Aber abgesehen von diesen und anderen anatomischen Eigenthümlichkeiten, welche allen Säugethieren gemeinsam sind und sie über alle anderen Wirbelthiere erheben, genügt zur Erkenntniss dieses Unterschiedes die Betrachtung eines einzigen Blutstropfens unter dem Mikroskop. „Blut ist ein ganz besonderer Saft!" Die kleinen rothen Blutzellen, welche, zu Milliarden angehäuft, die rothe Blutfarbe der Wirbelthiere bedingen, sind ursprünglich überall elliptische Scheiben, in der Mitte dicker (biconvex), da hier der Zellkern liegt. Nur bei den Säugethieren haben dieselben den Zellkern eingebüsst und erscheinen daher in der Mitte dünner (biconcav), als kleine, kreisrunde Scheiben. Diese und andere wichtige Eigenthümlichkeiten kommen sämmtlichen Säugethieren ohne Ausnahme zu, und unterscheiden sie von allen anderen Wirbelthieren; in ihrer eigenthümlichen Vereinigung und Wechselbeziehung können sie nur einmal im Laufe der Stammesgeschichte erworben und nur von einer Stammform auf alle Glieder der Classe durch Vererbung übertragen sein [18]).

Der ältere Theil unserer menschlichen Stammesgeschichte führt uns noch weiter hinab in das Gebiet der niederen Wirbelthiere, in jenen dunkeln, unmessbar langen Zeitraum der paläozoischen Aera, dessen ungezählte Jahrmillionen (nach neuesten Schätzungen gegen tausend!) jedenfalls viel länger waren als das folgende mesozoische Zeitalter. Hier stossen wir zunächst auf die hochwichtige Thatsache, dass in dem jüngsten

Abschnitt der paläozoischen Periode, in der permischen Zeit, noch keine Säugethiere existirten, wohl aber lungenathmende Reptilien, als älteste Amnionthiere. Sie gehören theils zu den *Tocosauriern*, der ältesten und niedersten Reptiliengruppe, theils zu den seltsamen *Theromeren*, welche sich durch viele Merkmale den Säugethieren nähern. Diesen Reptilien gehen voraus in der älteren Steinkohlenzeit die echten Amphibien, und zwar die gepanzerten *Stegocephalen*. Solche carbonische Panzerlurche, kleinen Crocodilen ähnlich, sind die ältesten Wirbelthiere, die sich der kriechenden Ortsbewegung auf dem festen Lande anpassten, und bei denen die Flossen der schwimmenden Fische und Fischlurche (Dipneusten) in die typische fünfzehige Extremität der Vierfüsser (*Tetrapoden* oder *Quadrupeden*) umgebildet wurden.

Wir brauchen bloss aufmerksam das Skelett der vier Beine von unseren Salamandern und Fröschen mit dem Knochengerüst unserer eigenen vier Gliedmaassen zu vergleichen, um uns zu überzeugen, dass schon bei jenen Amphibien dieselbe charakteristische und eigenthümliche Bildung besteht, die sich von ihnen auf alle Sauropsiden und Mammalien durch Vererbung übertragen hat: derselbe Schultergürtel und Beckengürtel, derselbe einfache Röhrenknochen im Oberarm und Oberschenkel, dasselbe Knochenpaar im Vorderarm und Unterschenkel, dieselbe verwickelte Knochenverbindung in Handwurzel und Fusswurzel, dieselbe typische Gliederung der fünf Finger und der fünf Zehen. Diese augenfällige Uebereinstimmung in dem gesammten Gefüge der Knochengerüsts bei allen höheren vierfüssigen Wirbelthieren fiel schon vor mehr als hundert Jahren vielen denkenden Beobachtern auf; sie regte unter Anderen unseren grössten Dichter und Denker, Goethe, zu jenen merkwürdigen Betrachtungen über Morphologie der Thiere an, die wir geradezu als Vorläufer der modernen Ideen von Darwin betrachten dürfen[6]).

Wir können in der That es als ein sicheres Zeichen der Abstammung des Menschen von ältesten fünfzehigen oder pentadactylen Amphibien bezeichnen, dass wir noch heute an unserer Hand fünf Finger besitzen, an unserem Fusse fünf Zehen. Der Mensch und die meisten Primaten (nicht alle!) haben in diesen und in anderen Beziehungen die ursprünglichen Bildungs-Verhältnisse durch conservative Vererbung viel getreuer bewahrt als die Mehrzahl der anderen Säugethiere, namentlich die Hufthiere. Unter letzteren sind z. B. einerseits die einzehigen Pferde, andererseits die zweizehigen Wiederkäuer viel stärker umgebildet und specialisirt als die fünfzehigen Herrenthiere.

Die ältesten carbonischen Amphibien, die gepanzerten Stegocephalen (und speciell die merkwürdigen, von Credner entdeckten

*Branchiosaurier*) werden jetzt wohl von allen urtheilsfähigen Zoologen mit vollem Rechte als die unzweifelhafte gemeinsame **Stammgruppe aller Vierfüsser** (*Tetrapoden* oder *Quadrupeden*) betrachtet, aller Amphibien und Amnioten. Wo hat aber diese bedeutungsvolle Gruppe selbst ihren Ursprung genommen? Auch auf diese Frage haben uns die gewaltigen Fortschritte der modernen Paläontologie eine befriedigende Antwort ertheilt, und diese Antwort steht wiederum in schönstem Einklange mit den älteren Ergebnissen der vergleichenden Anatomie und Ontogenie. Schon vor vierunddreissig Jahren hatte in Jena der erste jetzt lebende Meister der vergleichenden Anatomie, CARL GEGENBAUR, in einer Reihe von classischen Arbeiten gezeigt, wie die wichtigsten Skelettheile der Wirbelthiere, vor Allen Schädel und Gliedmaassen, noch heute in der Classenfolge der lebenden Wirbelthiere uns eine zusammenhängende Scala von phyletischen Entwickelungsstufen offenbaren. Von den tiefer stehenden Cyclostomen abgesehen, sind es vornehmlich die echten **Fische**, und unter ihnen wieder die Urfische oder **Selachier** (Haifische und Rochen), welche in den wesentlichen Verhältnissen des Körperbaues die ursprünglichste Bildung am getreuesten bewahrt haben. An die Selachier schliessen sich unmittelbar die **Ganoiden** oder Schmelzfische an, besonders die *Crossopterygier*, welche uns zu den Dipneusten hinüber führen. Unter diesen letzteren ist neuerdings besonders der australische *Ceratodus* bedeutungsvoll geworden, mit dessen Anatomie und Ontogenie uns GÜNTHER und SEMON so genau bekannt gemacht haben. Von dieser Uebergangsgruppe der **Dipneusten** oder Lurchfische, d. h. Fischen mit Lungen, aber noch mit Flossen, ohne fünfzehige Gliedmaassen, ist die morphologische Brücke zu den ältesten Amphibien leicht zu finden. Nun entsprechen aber dieser anatomischen Kette genau die paläontologischen Thatsachen: Selachier und Ganoiden finden sich schon im Silur, Dipneusten im Devon, Amphibien im Carbon, Reptilien im Perm, Mammalien in der Trias. (Vergl. die Tabelle und Anm. 3—5, S. 36.) Das sind **historische Thatsachen ersten Ranges**; sie bezeugen in erfreulichster Weise den Stufengang der Vertebraten-Entwickelung, wie er durch die vergleichend-anatomischen Arbeiten von CUVIER und MECKEL, von JOHANNES MÜLLER und GEGENBAUR, von OWEN, HUXLEY und FLOWER gewonnen worden ist. **Die historische Succession der Hauptstufen des Wirbelthier-Stammes** ist damit definitiv festgestellt, und dieser Gewinn ist für die Erkenntnis unseres menschlichen Stammbaums viel wichtiger, als wenn es gelungen wäre, in hundert fossilen Skeletten von Halbaffen und Affen die ganze Serie unserer tertiären Primaten-Ahnen uns vollständig im Zusammenhang vor Augen zu führen.

Viel schwieriger und dunkler ist der älteste Theil unserer Stammesgeschichte, die Ableitung des Wirbelthierstammes von einer Reihe wirbelloser Vorfahren. Da diese sämmtlich keine harten und versteinerungsfähigen Skelettheile besitzen (ebenso wie die niedrigsten Vertebraten, die Cyclostomen und Acranier), fällt hier das Zeugniss der Paläontologie gänzlich aus; wir sind allein auf die anderen beiden grossen Urkunden der Stammesgeschichte angewiesen, auf die vergleichende Anatomie und Ontogenie. Freilich ist aber deren Werth auch hier vielfach so gross, dass sie für jeden sachkundigen und urtheilsfähigen Zoologen das hellste Licht auf viele grosse Züge unserer älteren Phylogenie werfen. Vor Allem gilt das von den weitreichenden Schlüssen, welche die moderne vergleichende Ontogenie mit Hülfe des biogenetischen Grundgesetzes seit dreissig Jahren gezogen hat. Schon die ältere Embryologie hatte durch die grundlegenden Arbeiten von BAER und BISCHOFF, von REMAK und KÖLLIKER, die Grundzüge der Vertrebraten-Entwickelung klar gelegt. Dazu kamen 1866 die wichtigen Entdeckungen von KOWALEVSKY, welche die Ahnung von GOODSIR bestätigten und auf die nahe Verwandtschaft der Vertebraten und Tunicaten hinwiesen; die vergleichende Anatomie und Ontogenie des Amphioxus und der Ascidie wurde seitdem der feste Ausgangspunkt für alle weiteren Forschungen über unsere wirbellosen Vorfahren [8]).

Fünfjährige Untersuchungen über Bau und Entwicklung der Kalkschwämme (1867—1872) hatten mich zu jener Zeit zur Reform der Keimblättertheorie und zur Aufstellung der Gastraea-Theorie geführt; ihr erster Entwurf erschien 1872 in meiner Monographie der Kalkschwämme oder Calcispongien. Die wichtigste Unterstützung und fruchtbarste Fortbildung erhielten diese Anschauungen durch die ausgezeichneten vergleichenden Forschungen vieler anderer Embryologen, vor Allen von E. RAY-LANKESTER und von FRANCIS BALFOUR, sowie der Gebrüder OSCAR und RICHARD HERTWIG. Ich zog schon damals aus jenen vergleichenden Untersuchungen den Schluss, dass die ersten Stufen der embryonalen Entwicklung bei allen Metazoen oder gewebebildenden Thieren im Wesentlichen gleich sind, und dass wir daraus bestimmte Anschauungen über die gemeinsame Abstammung und die älteren Ahnenreihen derselben gewinnen können. Das einzellige Ei wiederholt den unicellaren Zustand der Protozoen-Ahnen; die Keimform der *Blastula* entspricht einer *Volvox* oder *Magosphaera* ähnlichen Ahnenform; die *Gastrula* ist die erbliche Wiederholung der *Gastraea*, der gemeinsamen Stammform sämmtlicher Metazoen. Alle diese typischen Ahnenformen theilen wir Menschen mit den übrigen Metazoen, d. h. mit allen anderen Thieren, ausgenommen die einzelligen Protozoen. Jeder Mensch ohne Ausnahme beginnt seine individuelle Existenz in Gestalt einer **kugeligen Eizelle**, die dem blossen Auge kaum als ein feines Pünktchen sichtbar ist, und die besonderen Merkmale dieser Eizelle sind beim **Menschen** genau dieselben wie bei allen übrigen **Säugethieren**[19]).

Der dunkelste Theil unserer menschlichen Stammesgeschichte ist derjenige Abschnitt, welcher zwischen der *Gastraea* und dem *Amphioxus* liegt. **Amphioxus** selbst, der berühmte **Lanzelot** oder „das Lanzetthier", dessen fundamentale Bedeutung schon sein erster genauer Darsteller, der grosse Johannes Müller, erkannte, ist das unschätzbarste Document der Vertebraten-Phylogenie. Wir dürfen ihn zwar nicht direct als gemeinsamen Stammvater derselben betrachten, wohl aber als einen nahen Verwandten desselben, und als einzigen lebenden Ueberrest der Acranier-Classe. Wären die Amphioxiden zufällig ausgestorben, gleich zahlreichen anderen Gliedern unserer Ahnenkette, so würden wir kaum im Stande sein, eine sichere Anschauung von den älteren Vorstufen der Vertebraten-Bildung zu gewinnen. Nach oben schliesst sich Amphioxus eng an die jugendliche Larve der **Rundmäuler** oder *Cyclostomen* an. Das sind die ältesten **Schädelthiere** (*Craniota*), die ersten Wirbelthiere, bei denen Schädel und Gehirn zur Ausbildung gelangten. Diese Cyclostomen (zu denen das bekannte Neunauge, *Petromyzon*, gehört) sind zugleich die präsilurischen Vorfahren der Fische. Nach unten hin deutet die Uebereinstimmung in der Ontogenie des Amphioxus und der Ascidie auf eine unbekannte ältere Gruppe von Chordathieren, auf **Prochordonier**, aus denen einerseits die Mantelthiere, andererseits die Wirbelthiere hervorgingen. Diese Prochordonier oder „**Ur-Chordathiere**" selbst können wir in unserem modernen phyletischen System von den *Frontoniern* ableiten, einem Zweige der **Vermalien** oder der „**Wurmthiere**" im engeren Sinne. Der isolirt stehende *Balanoglossus* und die alten *Nemertinen* dürften denselben nahe verwandt sein. Sicher hat zwischen diesen Wurmthieren und der Stammgruppe der Gastraeaden eine lange Reihe von Zwischenformen in cambrischer und laurentischer Zeit existirt, und wir vermuthen, dass ältere **Räderthierchen** (*Rotatoria*) und **Strudelwürmer** (*Turbellaria*) in jene Reihe gehörten. Aber **sichere** Hypothesen lassen sich zur Zeit darüber **nicht** näher begründen, und hier klafft wirklich ein weiter leerer Raum in unserer menschlichen Stammesgeschichte.

Allein diesen und anderen dunkeln Abschnitten unserer Stammesgeschichte stehen jene klaren und bedeutungsvollen Aufschlüsse gegenüber, welche uns die reichen Ergebnisse der vergleichenden Anatomie, Ontogenie und Paläontologie innerhalb des Wirbelthierstammes geliefert haben, und vor Allem innerhalb seiner höchsten Klasse, der Säugethiere. Alle zuverlässigen neueren Forschungen haben hier übereinstimmend den Satz bestätigt, den schon LAMARCK, DARWIN und HUXLEY als den wichtigsten Folgeschluss des Transformismus behaupteten, den Satz, dass die unmittelbaren Placentalien-Ahnen des Menschen eine Reihe von tertiären Primaten waren, und die nächststehenden die Menschenaffen, die anthropomorphen Catarrhinen. Die sorgfältige kritische Vergleichung, welche die beiden Zoologen PAUL und FRITZ SARASIN in ihren schönen „Forschungen auf Ceylon" (1893) durchgeführt haben, hat ergeben, dass die heute noch dort lebenden Weddas, die zwerghaften Urbewohner Ceylons, in primitiven Verhältnissen des Körperbaues sich den Menschenaffen am meisten nähern, und dass unter diesen letzteren der Schimpanse einerseits, der Gorilla andererseits dem Menschen am nächsten steht[15]). Der Gibbon wiederum, als niedere und weniger specialisirte Form, zeigt die meiste Uebereinstimmung mit den gemeinsamen miocänen Ahnen aller Anthropomorphen. Diese directe Stammverwandtschaft ist viel klarer und sicherer zu begründen als diejenige vieler anderer Säugethiere. Viel dunkler und räthselhafter ist z. B. der Ursprung des Elephanten, der Sirenen und Cetaceen, der Edentaten (Gürtelthiere und Schuppenthiere) in beiden Hemisphären. Nicht allein in seinen fünfzehigen Händen und Füssen, sondern auch in anderen anatomischen Merkmalen hat der Mensch die ursprünglichen Charakterzüge seines Stammes durch Vererbung viel treuer bewahrt als viele andere Säugethiere, z. B. die Hufthiere, Walthiere und Flederthiere.

Die unermessliche Bedeutung, welche diese sichere Erkenntniss vom Primaten-Ursprung des Menschen für das Gesammtgebiet menschlicher Wissenschaft besitzt, liegt klar vor den Augen jedes unbefangenen und consequenten Denkers. Unter den Philosophen hat ihren maassgebenden Einfluss auf die gesammte Weltanschauung Niemand eingehender begründet als der grosse englische Denker HERBERT SPENCER, einer der wenigen Gelehrten der Gegenwart, welcher die gründlichste naturwissenschaftliche Vorbildung mit der tiefsten philosophischen Speculation verknüpft. SPENCER gehört zu jenen älteren Naturphilosophen, die schon vor DARWIN in der monistischen Entwickelungslehre den Zauberschlüssel für die Lösung des Welträthsels erkannten. Er gehört auch zu jenen Evolutionisten, welche mit Recht das grösste Gewicht auf die progressive Vererbung legen, auf die vielbestrittene „Vererbung erworbener Eigenschaften." Wie ich selbst, so hat auch SPENCER von Anfang an auf das Entschiedenste die Keimplasmatheorie von WEISMANN bekämpft, welcher jenen wichtigsten Factor der Stammesgeschichte leugnet und dieselbe ausschliesslich durch die „Allmacht der Selection" erklären will. In England hat die Theorie von WEISMANN vielen Beifall gefunden und ist auch als „Neo-Darwinismus" bezeichnet worden, im Gegensatze zu unserer älteren Auffassung des Entwickelungsprocesses, als „Neo-Lamarckismus". Diese Bezeichnung ist völlig unberechtigt; denn CHARLES DARWIN war von der fundamentalen Bedeutung der progressiven Vererbung ebenso felsenfest überzeugt wie sein grosser Vorgänger JEAN LAMARCK und wie HERBERT SPENCER. Ich hatte drei Mal das Glück, DARWIN in Down besuchen zu dürfen, und jedes Mal haben wir über diese Hauptfrage unsere übereinstimmenden Ansichten ausgetauscht. Ich theile die Ueberzeugung von HERBERT SPENCER, dass die „progressive Vererbung" ein unentbehrlicher Factor der monistischen Entwickelungslehre ist und eines ihrer wichtigsten Elemente. Wenn man dieselbe mit WEISMANN leugnet, dann flüchtet man zum Mysticismus, und dann ist es besser, die mysteriöse „Schöpfung der einzelnen Arten" anzunehmen. Gerade die Anthropogenesis liefert dafür unzählige Beweise.

Wenn wir den heutigen Stand der Anthropogenie vom allgemeinsten Gesichtspunkt aus betrachten und alle empirischen Argumente derselben zusammenfassen, dann dürfen wir heute mit vollem Rechte sagen: Die Abstammung des Menschen von einer ausgestorbenen tertiären Primaten-Kette ist keine vage Hypothese mehr, sondern sie ist eine historische Thatsache. Natürlich lässt sich diese Thatsache nicht exact beweisen; wir können nicht alle die unzähligen physikalischen und chemischen Processe nachweisen, welche im Laufe von mehr als Hundert Jahrmillionen allmälig vom einfachsten Monere und von der einzelligen Urform bis zum Gorilla und zum Menschen hinauf geführt haben[20]). Aber dasselbe gilt auch von allen anderen historischen Thatsachen. Wir glauben Alle an die einstmalige Existenz von LINNÉ und LAPLACE, von NEWTON und LUTHER, von MALPIGHI und ARISTOTELES, obwohl dieselbe sich nicht exact beweisen lässt im Sinne der modernen Naturlehre. Wir glauben fest an die Existenz dieser und vieler anderer Geisteshelden, weil wir ihre hinterlassenen Werke kennen, und weil wir die gewaltigen Wirkungen derselben in der Culturgeschichte sehen. Diese indirecten Argumente besitzen aber keine stärkere Beweiskraft als diejenigen, die wir vorher für die Vertebraten-Geschichte des Menschen in Anspruch genommen haben.

Von vielen mesozoischen Säugethieren der Juraperiode kennen wir nur einen einzigen Knochen, den Unterkiefer, und HUXLEY hat sehr schön die Ursachen dieser seltsamen Erscheinung aufgeklärt. Wir nehmen Alle als sicher an, dass diese Säugethiere auch noch Oberkiefer und andere Knochen besassen, obwohl wir es nicht sicher beweisen können. Die sogenannte „exacte Schule" hingegen, welche die Transformation der Arten als unbewiesene Hypothese betrachtet, muss annehmen, dass der Unterkiefer der einzige Knochen im Leibe jener merkwürdigen Thiere war.

Lassen Sie uns schliesslich noch einen flüchtigen Blick in die nächste Zukunft thun! Ich bin fest überzeugt, dass die Wissenschaft des zwanzigsten Jahrhunderts unsere Entwicklungslehre nicht allein allgemein annehmen, sondern als die bedeutungsvollste Geistesthat unserer Zeit feiern wird. Denn die leuchtenden Strahlen dieser Sonne haben die schweren Wolken der Unwissenheit und des Aberglaubens zerstreut, welche bisher undurchdringliches Dunkel über das wichtigste aller Erkenntniss-Probleme verbreiteten, über die Frage vom Ursprung des Menschen, von seinem wahren Wesen und von seiner Stellung in der Natur. Der unberechenbare Einfluss der natürlichen Anthropogenie auf alle andern Zweige der Wissenschaft und der Cultur überhaupt wird die segensreichsten Früchte tragen. Das grosse Werk, das in unserem Jahrhundert LAMARCK begonnen und DARWIN vollendet hat, wird für alle Zeit eine der grössten Eroberungen des Menschengeistes bleiben; und die monistische Philosophie, welche wir auf ihre Entwicklungslehre gründen, wird nicht nur die Erkenntniss der natürlichen Wahrheiten mächtig fördern, sondern auch ihre praktische Verwerthung im Dienste des Schönen und des Guten! Die feste empirische Grundlage dieses Monismus liefert aber die moderne phylogenetische Zoologie.

# Wissenschaftliche Anmerkungen, Erläuterungen und Tabellen.

## 1. System der Primaten.

(NB + bedeutet ausgestorbene Formen, — V noch lebende Gruppen, — ⊙ die hypothetische Stammform. Vgl. meine Natürliche Schöpfungsgeschichte, IX. Aufl. 1898, Vortrag 27; Anthropogenie, IV. Aufl. 1891, Vortrag 23.)

| Ordnungen | Unterordnungen | Familien | Gattungen |
|---|---|---|---|
| **I. Prosimiae Halbaffen** (*Hemipitheci* vel *Lemures*) Orbita von der Temporal-Grube durch einen Knochenbogen unvollständig getrennt. Uterus duplex oder bicornis. Placenta diffusa indecidua (meistens!). Grosshirn relativ klein, glatt oder schwach gefurcht. | 1. **Lemuravida** (*Palalemures*) Alte Halbaffen (Generalisten) Ursprünglich Krallen an allen oder den meisten Fingern, später Uebergang zur Nagelbildung. Tarsus primitiv. | 1. **Pachylemures** + (*Hyopsodina*) Dent. (44) = $\frac{3}{3} \cdot \frac{1}{1} \cdot \frac{4}{4} \cdot \frac{3}{3}$ Primitive Dentur | *Archiprimas* ⊙ *Lemuravus* + Alt-Eocän *Pelycodus* + Alt-Eocän *Hyopsodus* + Jung-Eocän |
| | | 2. **Necrolemures** + (*Anaptomorpha*) Dent. (40) = $\frac{2}{2} \cdot \frac{1}{1} \cdot \frac{4}{4} \cdot \frac{3}{3}$ Reducirte Dentur | *Adapis* + *Plesiadapis* + *Necrolemur* + |
| | 2. **Lemurogona** (*Neolemures*) Moderne Halbaffen (Specialisten) Gewöhnlich alle Finger mit Nägeln (ausgenommen die zweite Hinterzehe). Tarsus modificirt. | 3. **Autolemures** V (*Lemurida*) Dent. (36) = $\frac{2}{2} \cdot \frac{1}{1} \cdot \frac{3}{3} \cdot \frac{3}{3}$ Specialisirte Dentur | *Eulemur* *Hapalemur* *Lepilemur* *Nycticebus* *Stenops* *Galago* |
| | | 4. **Chirolemures** V (*Chiromyida*) Dent. (18) = $\frac{1}{1} \cdot \frac{0}{0} \cdot \frac{1}{0} \cdot \frac{3}{3}$ Rodentien-Dentur | *Chiromys* (Krallen an allen Fingern, excepto Halluce) |
| **II. Simiae Affen** (*Pitheci* vel *Pithecales*) Orbita von der Temporal-Grube durch ein Knochen-Septum vollständig getrennt. Uterus simplex, pyriformis. Placenta discoidea, deciduata. Grosshirn relativ gross, stark gefurcht. | 3. **Platyrrhinae** Plattnasige Affen *Hesperopitheca* Westaffen (Amerika) Nasenlöcher seitlich, mit breitem Septum. 3 *Praemolaren*. | 5. **Arctopitheca** V Dent. (32) = $\frac{2}{2} \cdot \frac{1}{1} \cdot \frac{3}{3} \cdot \frac{2}{2}$ Nur am Hallux ein Nagel | *Hapale* *Midas* |
| | | 6. **Dysmopitheca** V Dent. (36) = $\frac{2}{2} \cdot \frac{1}{1} \cdot \frac{3}{3} \cdot \frac{3}{3}$ Nägel an allen Fingern | *Callithrix* *Nyctipithecus* *Cebus* *Mycetes* *Ateles* |
| | 4. **Catarrhinae** Schmalnasige Affen *Eopitheca* Ostaffen (Arctogaea) Europa, Asien u. Afrika. Nasenlöcher vorn, mit schmalem Septum. 2 *Praemolaren*. Nägel an allen Fingern. | 7. **Cynopitheca** V Dent. (32) = $\frac{2}{2} \cdot \frac{1}{1} \cdot \frac{2}{2} \cdot \frac{3}{3}$ Meist mit Schwanz und Backentaschen. Kreuzbein mit 3 oder 4 Wirbeln. | *Cynocephalus* *Cercopithecus* *Inuus* *Semnopithecus* *Colobus* *Nasalis* |
| | | 8. **Anthropomorpha** V Dent. (32) = $\frac{2}{2} \cdot \frac{1}{1} \cdot \frac{2}{2} \cdot \frac{3}{3}$ Ohne Schwanz und ohne Backentaschen. Kreuzbein mit 5 Wirbeln | *Hylobates* *Satyrus* *Pliopithecus* + *Gorilla* *Anthropithecus* *Dryopithecus* + *Pithecanthropus* ⊙ *Homo* |

## 2. Stammbaum der Primaten.

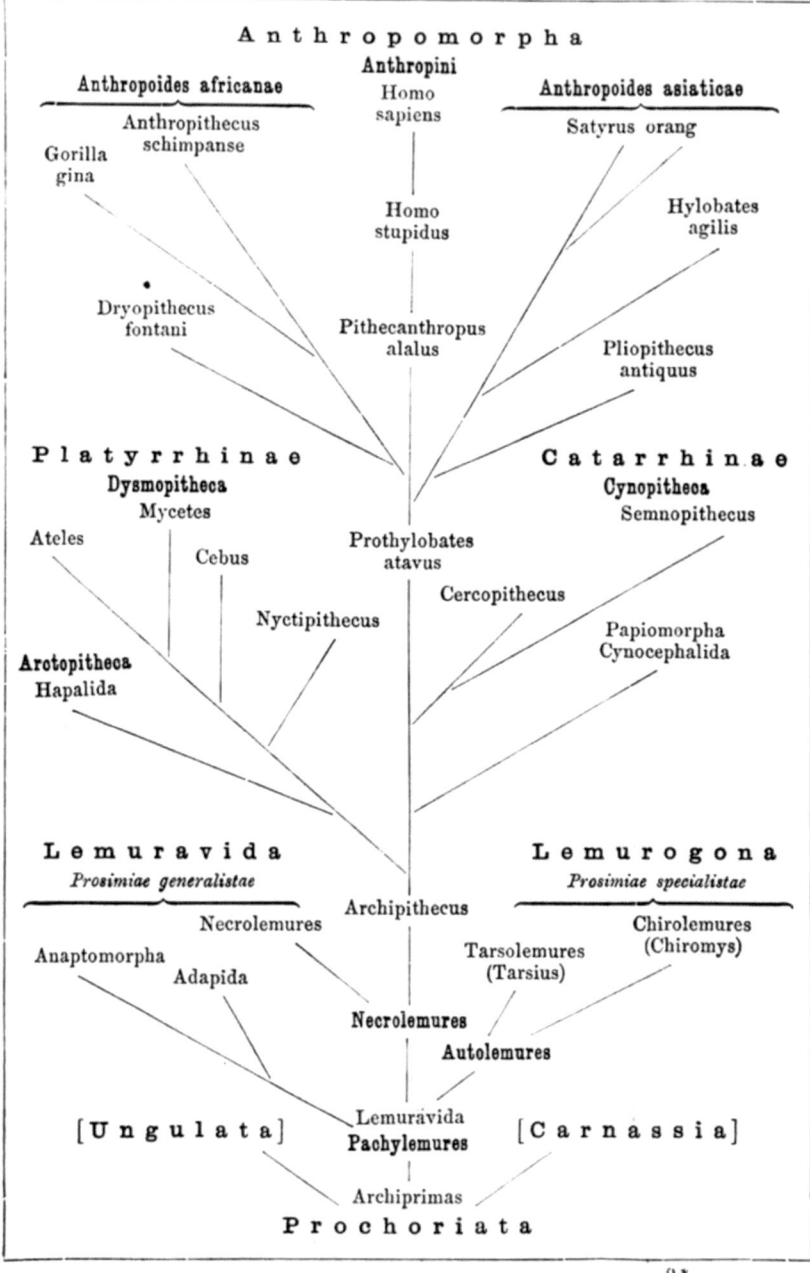

## 3 A. Progonotaxis des Menschen, Erste Hälfte:
Aeltere Ahnen-Reihe, ohne fossile Urkunden, vor der Silur-Zeit.

| Haupt-Stufen. | Stammgruppen der Ahnen-Reihe | Lebende Verwandte der Ahnen-Stufen | Paläontologie | Ontogenie | Morphologie |
|---|---|---|---|---|---|
| **1.—5. Stufe:** **Protisten-Ahnen** Einzellige Organismen 1—2: Plasmodome Protophyten 3—5: Plasmophage Protozoen | 1. **Monera** (Plasmodoma) Ohne Zellkern | 1. **Chromacea** (*Chroococcus*) *Phycochromacea* | O | !? | I |
| | 2. **Algaria** Einzellige Algen Mit Zellkern | 2. **Paulotomea** *Palmellacea Eremosphaera* | O | !? | I |
| | 3. **Lobosa** Einzellige (Amoebine) Rhizopoden | 3. **Amoebina** *Amoeba Leucocyta* | O | !! | II |
| | 4. **Infusoria** Einzellige Infusionsthiere | 4. **Flagellata** Euflagellata Zoomonades | O | ? | II |
| | 5. **Blastaeades** Vielzellige Hohlkugeln (Coenobia) | 5. **Catallacta** *Magosphaera, Volvocina Blastula!* | O | !!! | III |
| **6.—11. Stufe:** **Wirbellose Metazoen-Ahnen** 6—8 Coelenterien, ohne After und Leibeshöhle 9—11: Vermalien, mit After und mit Leibeshöhle | 6. **Gastraeades** Mit zwei Keimblättern Urdarmthiere | 6. **Gastrula** *Hydra, Olynthus Orthonectida* | O | !!! | III |
| | 7. **Platodes I** *Platodaria* (Ohne Nephridien) | 7. **Cryptocoela** (*Convoluta*) (*Proporus*) | O | ? | I |
| | 8. **Platodes II** *Platodinia* (Mit Nephridien) | 8. **Rhabdocoela** (*Vortex*) (*Monotus*) | O | ? | I |
| | 9. **Provermalia** (Urwurmthiere) *Rotatoria* | 9. **Gastrotricha** *Trochozoa Trochophora* | O | ? | I |
| | 10. **Frontonia** (*Rhynchelminthes*) Rüsselwürmer | 10. **Enteropneusta** *Balanoglossus Cephalodiscus* | O | ? | I |
| | 11. **Prochordonia** Chordawürmer Mit Chorda! | 11. **Copelata** *Appendicaria Chordula-Larven!* | O | !! | II |
| **12.—15. Stufe:** **Monorrhinen-Ahnen** Aelteste Wirbelthiere, ohne Kiefer und ohne paarige Gliedmaassen, mit unpaarer Nasenbildung | 12. **Acrania I** Aeltere Schädellose (Prospondylia) | 12. **Larven von Amphioxus** | O | !!! | II |
| | 13. **Acrania II** Jüngere Schädellose | 13. **Leptocardia** Amphioxus (Lanzelot) | O | ! | III |
| | 14. **Cyclostoma I** Aeltere Rundmäuler (Archicrania) | 14. **Larven von Petromyzon** | O | !!! | II |
| | 15. **Cyclostoma II** Jüngere Rundmäuler | 15. **Marsipobranchia** Myxinoides Petromyzontes | O | ! | III |

## 3 B. Progonotaxis des Menschen, Zweite Hälfte:
### Jüngere Ahnen-Reihe, mit fossilen Urkunden, im Silur beginnend.

| Perioden der Erdgeschichte | Stammgruppen der Ahnen-Reihe | Lebende Verwandte der Ahnen-Stufen | Paläontologie | Ontogenie | Morphologie |
|---|---|---|---|---|---|
| Silurische Periode | 16. **Selachii** Urfische *Proselachii* | 16. **Notidanides** Chlamydoselachus Heptanchus | I | !! | III |
| Silurische Periode | 17. **Ganoides** Schmelzfische *Proganoides* | 17. **Accipenserides** (Störfische) Polypterus | II | ! | II |
| Devonische Periode | 18. **Dipneusta** Lurchfische *Paladipneusta* | 18. **Neodipneusta** Ceratodus Protopterus | I | !! | |
| Carbonische Periode | 19. **Amphibia** Lurche *Stegocephala* | 19. **Phanerobranchia** Salamandrina (Proteus, Triton) | III | !!! | III |
| Permische Periode | 20. **Reptilia** Schleicher *Proreptilia* | 20. **Rhynchocephalia** Ureidechsen *Hatteria* | III | !! | II |
| Trias-Periode (Mesoz. I) | 21. **Monotrema** Gabelthiere *Promammalia* | 21. **Ornithodelphia** *Echidna Ornithorhynchus* | I | !!! | III |
| Jura-Periode (Mesoz. II) | 22. **Marsupialia** Beutelthiere *Prodidelphia* | 22. **Didelphia** *Didelphys Perameles* | I | !! | II |
| Kreide-Periode (Mesoz. III) | 23. **Mallotheria** Urzottenthiere *Prochoriata* | 23. **Insectivora** Erinaceida (Ictopsida +) | II | ! | I |
| Alt-Eocän-Periode | 24. **Lemuravida** Aeltere Halbaffen Dent. 3. 1. 4. 3. | 24. **Pachylemures** (*Hyopsodus* +) (*Adapis* +) | II | !? | II |
| Neu-Eocän-Periode | 25. **Lemurogona** Jüngere Halbaffen Dent. 2. 1. 4. 3. | 25. **Autolemures** *Eulemur Stenops* | II | !? | II |
| Oligocän-Periode | 26. **Dysmopitheca** Westaffen Dent. 2. 1. 3. 3. | 26. **Platyrrhinae** (*Anthropops* +) (*Homunculus* +) | I | ! | II |
| Alt-Miocän-Periode | 27. **Cynopitheca** Hundsaffen (geschwänzt) | 27. **Papiomorpha** Papstaffen *Cynocephalus* | I | ! | III |
| Neu-Miocän-Periode | 28. **Anthropoides** Menschenaffen (schwanzlos) | 28. **Hylobatida** Hylobates Anthropithecus | I | !! | III |
| Pliocän-Periode | 29. **Pithecanthropi** Affenmenschen (Alali, sprachlos) | 29. **Anthropitheca** Schimpanse Gorilla | II | !!! | III |
| Pleistocän-Periode | 30. **Homines** (Loquaces, sprechend) | 30. **Weddales** Australneger | I | !!! | III |

**4. Erläuterung der Progonotaxis des Menschen.** In den vorstehenden Tabellen ist neben jeder Stufe der Ahnenreihe (1.—30.) rechts diejenige Gruppe von lebenden Organismen der Gegenwart angegeben, welche die nächsten Verwandten der hypothetischen Ahnen enthält. In den drei schmalen Spalten daneben (rechts) ist von jeder der drei phylogenetischen Urkunden der relative Werth angedeutet, welchen dieselbe (bei dem gegenwärtigen Zustande unserer empirischen Kenntnisse) für die Begründung der betreffenden phyletischen Hypothese besitzen dürfte. In der ersten Spalte:

Paläontologische Urkunde, bedeutet:
0 gänzlichen Mangel an versteinerten Resten,
I dass dieselben selten und unbedeutend,
II dass sie in mässiger Fülle bekannt und wichtig,
III dass sie reichhaltig und bedeutungsvoll sind.

Ontogenetische Urkunde (zweite Spalte), bedeutet:
? dass ihr phylogenetischer Werth zweifelhaft,
! dass er gering oder vieldeutig,
!! dass er bedeutungsvoll, und endlich
!!! dass er höchst wichtig und lehrreich ist.

Morphologische Urkunde (dritte Spalte), bedeutet:
I dass die vergleichende Anatomie nur wenig,
II dass sie viel historische Auskunft giebt,
III dass sie sehr viel über die Phylogenie aussagt.

**5. (S. 34.) Kritik der Progonotaxis.** Wenn die Descendenz-Theorie wahr ist — wie jetzt allgemein von sachkundigen Naturforschern angenommen wird —, dann stellt sie unstreitig der systematischen Naturgeschichte die schwierige Aufgabe, die Stammverwandtschaft der kleineren und grösseren Gruppen der organischen Formen zu enträthseln; die Aufgabe des natürlichen Systems der Formen wird dadurch zur hypothetischen Begründung des Stammbaums. Die ersten Versuche, die ich selbst in dieser Richtung seit 1866 unternommen habe, stiessen auf fast allgemeinen Widerstand; und auch die vielen Verbesserungen jener unvollkommenen Versuche, welche ich in den verschiedenen Auflagen meiner Natürlichen Schöpfungsgeschichte und Anthropogenie unternahm, fanden zuerst wenig Beifall. Seit zwanzig Jahren hat sich das gewaltig geändert; zahlreiche Zoologen und Botaniker sind seitdem erfolgreich bemüht, die Stammverwandtschaft der von ihnen speciell studirten Formengruppen zu erkennen und als brauchbarsten Ausdruck derselben hypothetische Stammbäume zu entwerfen. Ich darf jetzt wohl hoffen, dass der umfassendste derartige Versuch, den ich (1894—96) in den drei Bänden meiner systematischen Phylogenie ausgeführt habe, sich allmählich Geltung verschaffen und fruchtbar erweisen wird.

Indessen gerade der wichtigste aller Stammbäume, derjenige des Menschen, scheint der Mehrzahl der Naturforscher — und namentlich den sogenannten „Anthropologen" — das meiste Bedenken einzuflössen. Die eingehende kritische Begründung desselben, welche ich in der „Anthropogenie" besonders durch die ausführliche Phylogenie aller einzelnen Organsysteme zu geben suchte, hat sehr wenig Beachtung gefunden. Ich benutzte daher jetzt die Gelegenheit dieses Vortrages, um in Cambridge in Gegenwart vieler Sachkundiger diesen überaus wichtigen Gegenstand der ernsten anthropologischen Forschung nochmals vom Standpunkte der phylogenetischen Zoologie zu beleuchten und die „Progonotaxis hominis" in verbesserter Form zu erläutern.

Ich wiederhole hier ausdrücklich meine alte Erklärung, dass es mir niemals eingefallen ist, die Entwürfe meiner Stammbäume als fertige Dogmen hinzustellen, sondern stets nur als heuristische Hypothesen, welche unbegrenzter Verbesserung fähig sind, entsprechend den unbeschränkten Fortschritten unserer empirischen Kenntnisse.

Die dreissig wichtigsten Stufen unserer Ahnenreihe, welche gegenwärtig in der Progonotaxis des Menschen unterschieden werden können, sind in der vorstehenden Tabelle auf zwei Hälften vertheilt.

Beide Abschnitte unserer Stammesgeschichte sind in Bezug auf Sicherheit der empirischen Begründung dadurch wesentlich verschieden, dass in der jüngeren Hälfte (Stufe 16—30) alle drei Urkunden der Phylogenie verwendet werden können. Dagegen fehlen in der älteren Hälfte (Stufe 1—15) die paläontologischen Urkunden gänzlich, weil der weiche und skelettlose Körper dieser älteren Ahnen der Versteinerung nicht fähig war; hier sind wir lediglich auf die beiden anderen Urkunden angewiesen, die vergleichende Anatomie und Ontogenie. Es sind daher auch nur in der jüngeren Hälfte (16—30) die einzelnen Perioden der organischen Erdgeschichte angegeben, aus welchen uns fossile Reste unserer Ahnen erhalten sind, von der Silurzeit an (16, 17) bis zur Gegenwart (30). Dagegen fällt die Entwicklung und Existenz der älteren Ahnenstufen (1—15) in jenen unendlich langen präsilurischen Zeitraum, während dessen die mächtigen Gebirgsmassen der archäischen oder archozoischen Perioden abgelagert wurden, die krystallinischen Schiefer der laurentischen, huronischen, algonkischen und cambrischen Formationen. Die unermessliche Länge der ungeheuren Zeiträume, während welcher diese Sediment-Gebirge aus den Wassern abgesetzt wurden, wird gegenwärtig von den meisten Geologen mindestens auf hundert Millionen Jahre annähernd geschätzt. Davon fällt wahrscheinlich die grössere Hälfte auf die archozoische (präsilurische) Zeit, etwa 52,000 bis 55,000 Jahrtausende, die kleinere Hälfte auf die Folgezeit (vom Silur bis zur Gegenwart), etwa 45,000—48,000 Jahrtausende. Vgl. Anm. 20, S. 51.

Die 30 aufgeführten Ahnenstufen vertheilen sich auf drei verschiedene Hauptgruppen; die 5 ersten (1.—5.) gehören zum Reiche der Einzelligen, der *Protisten*; die 6 folgenden (6.—11.) zum Reiche der wirbellosen *Metazoen*, die 19 folgenden (12.—30.) zum Stamme der *Vertebraten*.

Die Protisten-Ahnen (Stufe 1—5) beginnen mit plasmodomen Protophyten (1. und 2.); diese müssen nothwendig den plasmophagen Protozoen (3.—5.) vorausgegangen sein. Die ältesten aller Organismen waren kernlose Plastiden, gleich den *Moneren* (1.). Erst später entstanden aus diesen echte kernhaltige Zellen (2.—4.); zunächst wahrscheinlich *Algarien* (oder „einzellige Algen"), dann aus diesen durch Metasitismus einzellige Urthiere, Amöben oder ähnliche Rhizopoden, oder einfache Infusorien (vgl. Systemat. Phylogenie, Bd. I, 1894, S. 44). Durch Association vieler Protozoen bildeten sich Coenobien oder Zellvereine, von jener charakteristischen Form der Hohlkugeln, welche sowohl die *Blastula*-Keime von vielen niederen Metazoen vorübergehend zeigen, als auch die permanenten Zellgemeinden der *Volvocinen* und *Catallacten*.

Die Invertebraten-Ahnen, die wirbellosen Metazoen (Stufe 6—11), beginnen mit den *Gasträaden* (6.) und enden mit den *Prochordoniern* (11.). Die phyletische Bedeutung der ersteren wird klar durch die Keimform der *Gastrula*, diejenige der letzteren durch die Keimform der *Chordula* bewiesen. Wie noch heute die *Gastrula* aller Metazoen aus einer *Blastula* entsteht, so ist ursprünglich ihre gemeinsame Stammform, die *Gasträa*, aus einer *Blastäa* (ähnlich *Volvox* oder *Magosphaera*) hervorgegangen. Ebenso liefert am anderen Ende dieser Reihe die Homologie der Chordula bei sämmtlichen Wirbelthieren und Mantelthieren den Beweis für den gemeinsamen Ursprung dieser beiden Stämme aus einer *Prochordonier*-Form (nächstverwandt den *Copelaten*: Appendicaria) (vgl. Anthropogenie, 4. Aufl., 1891, S. 231, 508). Dagegen ist es zur Zeit noch eine sehr schwierige Aufgabe, die weite Lücke zwischen den Gasträaden (6.) und den Prochordoniern (11.) durch eine Kette von phyletischen Entwicklungsstufen befriedigend hypothetisch auszufüllen. Dieser Abschnitt ist der dunkelste in der Phylogenie des Menschen, wie der Wirbelthiere überhaupt. Wir können zwar ziemlich sicher behaupten, dass die zahlreichen ausgestorbenen Ahnen dieser Invertebratenkette theils zu den Platoden (7., 8.), theils zu den Vermalien (9.—11.) gehört haben werden. Aber bestimmtere Anschauungen über die einzelnen Progonen-Stufen dieser Kette und über ihre Verwandtschaft mit heute noch lebenden nächsten Verwandten können wir uns zur Zeit noch nicht mit befriedigender Sicherheit und Klarheit bilden.

Die Vertebraten-Ahnen (12.—30. Stufe) können wieder in drei Gruppen getheilt werden: I. *Monorrhinen* (12.—15.), II. *Anamnien* (16.—20.) und III. *Mammalien* (21.—30). Die erste Gruppe, die Monorrhinen, werden nur durch zwei kleine, aber höchst wichtige Classen repräsentirt, die *Acranier* (Amphioxus) und die *Cyclostomen* (Myxinoiden und Petromyzonten). Diese ältesten Wirbelthiere besitzen noch kein Kalkskelett, weder in der Hautdecke, noch in der Chordascheide. Ihr Nasenrohr ist unpaar. Es fehlen ihnen noch Kiefer, Rippen und paarige Gliedmaassen. Die jugendlichen Larven beider Classen sind von den erwachsenen sehr verschieden und liefern wegen ihrer palingenetischen Organisation wichtige Anhaltspunkte zur hypothetischen Reconstruction einer Anzahl von Zwischenstufen, welche die weite Lücke zwischen den Prochordoniern (11.) und den Selachiern (16.) ausfüllen. Es lassen sich daher in der Monorrhinen-Kette mindestens vier Ahnen-Stufen deutlich unterscheiden: jüngere und ältere Formen sowohl von Acraniern, als von Cyclostomen.

Die Anamnien-Ahnen oder die *Ichthyopsiden* (16.—23.) bilden jene Ahnengruppe unseres Stammes, welche in dem langen Zeitraum von der Silurzeit bis zum Ende des paläozoischen Zeitalters (oder bis zum Beginn der Triasperiode) gelebt haben. Als drei charakteristische Classenformen dieser wichtigen Mittelgruppe erscheinen uns hier die Fische, Amphibien und Reptilien. Schon die ältesten Fische, die silurischen *Proselachier*, zeigen jene charakteristische und verwickelte Organisation, welche allen Kiefermäulern oder Gnathostomen gemeinsam ist, allen Wirbelthieren von den Fischen aufwärts bis zum Menschen. Sie alle besitzen ein Paar Nasenhöhlen (*Amphirrhina*), Kalkbildungen im Skelett, Rippen, Kiefer und paarige Gliedmaassen (vordere und hintere Extremitäten). Auf die ältesten Urfische (*Selahii*, 16.) folgen im Silur die Schmelzfische (*Ganoides*, 17.), dann im Devon die Lurchfische (*Dipneusta*, 18.), im Carbon die Lurche (*Amphibia*, 19.) und im Perm die ältesten Reptilien (*Proreptilia*, 20). Die thatsächliche historische Reihenfolge, in welcher sich die Versteinerungen dieser Anamnien-Classen in den paläozoischen Formationen vorfinden, entspricht vollkommen der phyletischen Reihenfolge, durch welche sie die vergleichende Anatomie und Ontogenie zu einer successiven Ahnenkette verknüpft.

Die Mammalien-Ahnen (21.—30.) bilden den letzten und in vieler Beziehung interessantesten Abschnitt unserer thierischen Vorfahrenkette. Gerade in diesem bedeutungsvollen Theile unserer Progonotaxis sind wir jetzt zu einer völlig befriedigenden Klarheit und Sicherheit gelangt, dank den mächtigen Fortschritten, welche die Paläontologie, die vergleichende Anatomie und Ontogenie der Säugethiere in den letzten Decennien gemacht hat. Alle drei Urkunden beweisen übereinstimmend erstens die phyletische Einheit der Mammalien-Classe und zweitens die historische Succession ihrer drei natürlichen Unterclassen: a. der eierlegenden Monotremen (*Pantotherien* in der Trias, 21.), b. der implacentalen Marsupialien (*Amphitherien* im Jura, 22.), c. der höchstentwickelten Placentalien (*Mallotherien* in der Kreide, 23.). Innerhalb der Tertiärzeit (deren Länge wahrscheinlich mehr als drei Millionen Jahre betrug) hat sich der Stamm der Zottenthiere oder Placentalien zu mächtiger Blüthe entwickelt; für unsere directe Ahnenreihe ist nur einer seiner vier Hauptäste von Bedeutung, derjenige der Primaten (24.—30.).

**6.** (S. 6.) Lamarck (1809) und Darwin (1859). Ueber das Verhältniss von Charles Darwin zu seinen Vorgängern — besonders Lamarck und Goethe — vgl. meine Rede über „Die Naturanschauung von Darwin, Goethe und Lamarck, Vortrag auf der 55. Versammlung deutscher Naturforscher und Aerzte, gehalten zu Eisenach am 18. September 1882." (Jena, G. Fischer). — Ferner die Rede von Arnold Lang: „Zur Charakteristik der Forschungswege von Lamarck und Darwin", Vortrag, gehalten in Jena am 29. Juni 1889, entsprechend den Bestimmungen der Paul von Ritter'schen Stiftung für phylogenetische Zoologie (Jena, G. Fischer). — Ueber die Beziehungen von Charles Darwin zu seinem Grossvater Erasmus Darwin vgl. Ernst Krause, Charles Darwin und sein Verhältniss zu Deutschland (Leipzig, Ernst Günther, 1885). — Ferner: Leben und Briefe von Charles Darwin, mit einem seine Autobiographie enthaltenden Capitel. Herausgegeben von seinem Sohn Francis Darwin. 3 Bände (Stuttgart 1887).

**7.** (S. 7.) Anthropologie und Zoologie. Der Begriff der Anthropologie wird — ähnlich wie derjenige der Zoologie — noch heute in sehr verschiedenem Umfang und Inhalt definirt. Ich habe schon vor 32 Jahren (im siebenten Buche meiner „Generellen Morphologie", im 28. Capitel) zu zeigen mich bemüht, dass die wahrhaft wissenschaftliche Anthropologie nur ein Theil der Zoologie ist, und dass daher das Studium der ersteren die Kenntniss der letzteren voraussetzt. Nur die bewährten Methoden der kritischen Vergleichung der verwandten Erscheinungen und der Entwicklungsgeschichte können uns das wahre Verständniss des Organismus — ebenso beim Menschen, wie bei allen anderen Thieren — erschliessen. Es erscheint nothwendig, auch bei dieser Gelegenheit wieder auf diese unentbehrlichen Fundamente der wissenschaftlichen Menschenkunde hinzuweisen, weil die herrschende scholastische Anthropologie (ähnlich wie die überlebte metaphysische Psychologie) dieselben hartnäckig ignorirt. Sehr auffallend zeigt sich dieser Anachronismus z. B. in den Verhandlungen und Schriften der „Deutschen Gesellschaft für Anthropologie, Ethnologie und Urgeschichte". Sie steht noch überwiegend im Banne der dogmatischen und veralteten Ansichten von Virchow, Ranke, Bastian, His u. s. w.

**8.** (S. 7.) Anthropogenie oder Entwicklungsgeschichte des Menschen. I. Theil: Keimesgeschichte. II. Theil: Stammesgeschichte. 4. Aufl. Mit 20 Tafeln, 440 Holzschnitten und 52 genetischen Tabellen. Leipzig 1891. In diesem Werk habe ich (1874) den ersten und bis jetzt einzigen Versuch unternommen, den zoologischen Stammbaum des

Menschen im Einzelnen kritisch zu begründen und die ganze thierische Ahnenreihe unseres Geschlechts unter gleichmässiger Berücksichtigung aller drei phylogenetischen Urkunden eingehend zu erörtern. In der wissenschaftlichen Förderung dieser letzteren sind seitdem nach allen Richtungen hin sehr grosse Fortschritte gemacht worden; die Paläontologie hat in dem grundlegenden Handbuche von CARL ZITTEL eine umfassende moderne Darstellung erfahren (4 Bände, München 1873—1891; Grundzüge der Paläontologie in einem Bande 1895); in der vergleichenden Anatomie der Wirbelthiere hat das classische, soeben erschienene Lehrbuch von CARL GEGENBAUR (1898) eine Fülle neuer bedeutender Gesichtspunkte eröffnet und klares Licht in das Chaos ihrer verwickelten Probleme gebracht; die individuelle Entwicklungsgeschichte der Thiere, welche ich 1872 durch meine „Studien zur Gasträa-Theorie" zur Höhe einer vergleichenden Ontogenie zu erheben versuchte, hat in den bekannten Lehrbüchern von KÖLLIKER, OSCAR HERTWIG, KOLLMANN, FRANCIS BALFOUR u. A. umfassende Darstellung erfahren. Aber kein Naturforscher hat in den vierundzwanzig Jahren, welche seit dem ersten Erscheinen meiner Anthropogenie verflossen sind, den Versuch gemacht, diese wichtige Aufgabe nach der hier zuerst versuchten Methode weiter zu fördern und durch combinirte Verwerthung aller drei Urkunden ihrer Lösung näher zu führen. Die sogenannten „Anthropologen von Fach", denen diese Aufgabe zunächst obläge, haben sich fast allgemein davon ferngehalten; die vierte, umgearbeitete Auflage der Anthropogenie, die zahlreiche neue Gedanken enthält, ist von den Meisten ganz ignorirt worden. In dem „Zoologischen Jahresbericht", welchen mein früherer Schüler Professor PAUL MAYER in Neapel redigirt, ist dieses Werk nicht einmal erwähnt, während über Hunderte von kleinen Aufsätzen, welche die darin behandelten Fragen von isolirten Gesichtspunkten aus einseitig beleuchten, gewissenhaft referirt wird. Gewiss sind unter den zahlreichen neuen Urtheilen und heuristischen Hypothesen meiner Anthropogenie viele irrthümlich (wie es bei einem ersten derartigen Versuche nicht anders sein kann); aber ebenso fest bin ich auch davon überzeugt, dass viele derselben richtig sind und dazu dienen können, den dunklen Weg durch dieses schwierige Gebiet aufzuhellen. — Das Tadeln ist auch hier viel leichter als das Bessermachen!

9. (S. 13.) Phylogenie der Menschenseele (Anthropogenie und Psychologie). Im dritten Bande meiner „Systematischen Phylogenie" (1895, § 449, S. 625) habe ich meine Auffassung von der Stammesgeschichte unserer menschlichen Seele mit folgenden Worten angedeutet:

Die physiologischen Functionen des Organismus, welche wir unter dem Begriffe der Seelenthätigkeit — oder kurz der „Seele" — zusammenfassen, werden beim Menschen durch dieselben mechanischen (physikalischen und chemischen) Processe vermittelt wie bei den übrigen Wirbelthieren. Auch die Organe dieser psychischen Functionen sind hier und dort dieselben: das Gehirn und Rückenmark als Centralorgane, die peripheren Nerven und die Sinnesorgane. Wie diese Seelenorgane sich beim Menschen langsam und stufenweise aus den niederen Zuständen ihrer Vertebraten-Ahnen entwickelt haben, so gilt dasselbe natürlich auch von ihren Functionen, von der Seele selbst.

Diese naturgemässe, monistische Auffassung der Menschenseele steht im Widerspruche zu den dualistischen und mythologischen Vorstellungen, welche der Mensch seit Jahrtausenden sich von einem besonderen, übernatürlichen Wesen seiner „Seele" gebildet hat und welche in dem seltsamen Dogma von der „Unsterblichkeit der Seele" gipfeln. Wie dieses Dogma den grössten Einfluss auf die ganze Weltanschauung des Menschen gewonnen hat, so wird es selbst heute noch von den meisten Menschen als unentbehrliche Grundlage ihres ethischen Wesens hochgehalten. Der Gegensatz, in welchem dasselbe zu der natürlichen Anthropogenie steht, wird zugleich noch in weitesten Kreisen als der gewichtigste Grund gegen deren Annahme betrachtet oder selbst als Widerlegung der Phylogenie überhaupt. Es wird daher nützlich sein, hier kurz die wissenschaftlichen Argumente zusammenzufassen, welche jenes Dogma vernichten, und welche zugleich einer vernünftigen, auf die Anthropogenie gegründeten Psychologie als Basis dienen müssen.

I. **Anatomische Argumente.** Das Gehirn des Menschen besitzt sowohl in Bezug auf die äussere Form, als auf den inneren Bau die allgemeinen Charaktere des Primaten-Gehirns. Innerhalb der Primaten-Legion zeigt die vergleichende Anatomie eine lange Reihe von Entwicklungsstufen des Gehirns. Die höchsten Stufen nehmen die Anthropomorphen (besonders der Schimpanse) und der Mensch ein; die Unterschiede derselben sind weit geringer als diejenigen in der Gehirnbildung der Menschenaffen und der niederen Affen. Der Mensch besitzt kein besonderes Organ im Gehirn, das nicht auch den Menschenaffen zukäme. Die Unterschiede Beider sind quantitativ, nicht qualitativ.

II. **Ontogenetische Argumente.** Gehirn und Rückenmark des Menschen entwickeln sich im Embryo ganz ebenso wie bei den übrigen Primaten und speciell ebenso wie bei den Anthropomorphen. Die erste Anlage dieser Centralorgane im Embryo erfolgt im Exoderm ganz ebenso wie bei allen übrigen Wirbelthieren; und die Umbildung des Medullarrohres, insbesondere die charakteristische Differenzirung der fünf Hirnblasen, geschieht nach denselben Principien wie bei allen übrigen Schädelthieren. Die überwiegende Ausbildung der grossen Hemisphären (im Vorderhirn) und der kleinen Hemisphären (im Hinterhirn), welche für die Classe der Säugethiere charakteristisch ist, wiederholt sich in gleicher Weise auch beim Menschen. Die besondere Differenzirung der einzelnen Gehirntheile, vor Allem der Windungen und Furchen in der grauen Rinde des Grosshirns, erfolgt nach denselben Gesetzen wie bei den Menschenaffen.

III. **Physiologische Argumente.** Die normale Seelenthätigkeit des Menschen ist an die normale Ausbildung seines Gehirns geknüpft; menschliches Seelenleben ohne Gehirn ist undenkbar. Die Localisation der einzelnen psychischen Functionen ist durch Beobachtung und Versuch empirisch bewiesen. Die vergleichende Psychologie zeigt, dass die Functionsgruppen und ihre Beziehungen zu den einzelnen Gehirnorganen sich beim Menschen ebenso verhalten wie bei den übrigen Säugethieren und speciell wie bei den Affen. Die experimentelle Psychologie lehrt, dass die einzelnen Hirnfunctionen des Menschen durch Reizung ihrer Organe ebenso ausgelöst, durch Zerstörung derselben ebenso vernichtet werden wie bei den übrigen Säugethieren. Die mystischen Traditionen von einer selbständigen, vom Gehirn unabhängigen Seelenthätigkeit, welche der Aberglaube früherer Jahrtausende bis auf die Gegenwart erhalten hat, spielen zwar in den Mysterien der modernen Kirchenreligionen und in der Phantasie kritikloser Spiritisten noch heute eine grosse Rolle; es gelingt jedoch der exacten und kritischen Physiologie leicht, in allen Fällen nachzuweisen, dass denselben bewusste oder unbewusste Täuschung zu Grunde liegt. Alle modernen Erzählungen von „Geistern" und „Offenbarungen" sind durch die wissenschaftliche Kritik ebenso in das Gebiet der

Erfindung verwiesen, wie in früheren Jahrhunderten die Sagen von Dämonen und von Gespenstern.

IV. Pathologische Argumente. Die unbefangenen und sorgfältigen Beobachtungen der modernen Psychiatrie haben den Beweis geführt, dass die sogenannten „Geisteskrankheiten" auf materiellen Veränderungen von Gehirntheilen beruhen. Pathologische Zerstörung eines einzelnen Hirnorganes (z. B. durch Apoplexie, durch Gehirnerweichung) bewirkt nothwendig das Erlöschen der Function, welche an dasselbe gebunden ist. Die schrittweise Degeneration des Gehirns bei chronischen Gehirnkrankheiten lässt ebenso schrittweise die Abnahme und endlich das Erlöschen ihrer Function verfolgen.

Diese empirischen Argumente aus den Gebieten der vergleichenden Anatomie und Ontogenie, Physiologie und Pathologie, ergeben für jeden unbefangenen und kritischen Denker den bedeutungsvollen Schluss, dass die Phylogenie der Menschenseele untrennbar mit derjenigen ihrer Organe, vor Allem des Gehirns, verknüpft ist. Wie die lange Reihe unserer Vertebraten-Ahnen im Laufe von vielen Jahrmillionen ihre Gehirnstructur allmählich und stufenweise bis zu der Höhe der Primatenbildung vervollkommnet hat, so hat sich auch gleichzeitig damit dessen Function Schritt für Schritt entwickelt. Allerdings erscheint uns das persönliche Bewusstsein und das klare Denken, das ästhetische Empfinden und das vernünftige Wollen beim Menschen zu einer erstaunlichen Höhe der Vollkommenheit emporgestiegen. Aber nichtsdestoweniger sind die psychischen Differenzen von unseren Mammalien-Ahnen nur quantitativer, nicht qualitativer Natur; ihre elementaren Factoren sind hier wie dort die Ganglienzellen. Indem die Anthropogenie somit der Psychologie eine sichere monistische Grundlage giebt, zerstört sie das ganze grosse Mysteriengebäude, welches auf dem alten Dogma von der persönlichen „Unsterblichkeit" der Menschenseele errichtet war. An die Stelle der übernatürlichen Mythologie tritt auch hier die klare Naturerkenntniss.

**10.** (S. 15.) Entdeckung der Denkorgane. Eine allgemein verständliche Darstellung seiner bedeutungsvollen Entdeckung gab Paul Flechsig 1894 in der ausgezeichneten Rede über „Gehirn und Seele", welche er beim Rectoratswechsel an der Universität Leipzig am 31. October 1894 hielt. Eine eingehendere Darstellung, durch sehr instructive Abbildungen erläutert, enthält der Vortrag, welchen derselbe 1896 auf der Versammlung deutscher Naturforscher und Aerzte zu Frankfurt a. M. hielt: „Die Localisation der geistigen Vorgänge, insbesondere der Sinnesempfindungen des Menschen" (Leipzig 1896). Mit Recht sagt Flechsig am Eingang seines Vorworts: „Im Aufbau unseres Geistes, in den grossen beharrenden Zügen seiner Gliederung spiegelt sich klar und deutlich die Architektur unseres Gehirns wieder." Von dem wichtigsten Theile der Grosshirnrinde, dem Principalhirn oder dem „grossen occipito-temporalen Associons-Centrum", sagt dieser tiefblickende Gehirnkenner (S. 62): „Auf Grund aller dieser klinischen Erfahrungen ergiebt sich als Functionskreis des hinteren grossen Associons-Centrums die Bildung und das Sammeln von Vorstellungen äusserer Objecte und von Wortklangbildern, die Verknüpfung derselben unter einander, mithin das eigentliche positive Wissen, nicht minder die phantastische Vorstellungsthätigkeit, die Vorbereitung der Rede nach Gedanken-Inhalt und sprachlicher Formung u. dgl. mehr — kurz, die wesentlichsten Bestandtheile dessen, was die Sprache speciell als Geist bezeichnet." — Da nun auch für die höchste Geistesthätigkeit, das Bewusstsein, die bewirkenden Elementar-Organe in den Ganglienzellen des Principalhirns entdeckt sind, wird man endlich die irreführenden dualistischen Anschauungen aufgeben müssen, welche über die Entstehung dieses psychologischen Central-Mysteriums noch allgemein verbreitet sind. Wohl am meisten hat neuerdings zur Stärkung und Verbreitung dieser falschen mystischen Anschauungen die glänzende Rede beigetragen, welche der „berühmte Rhetor der Berliner Akademie der Wissenschaften", EMIL DU BOIS-REYMOND, 1872 in Leipzig über „die Grenzen des Naturerkennens" gehalten hat. Ich habe den Grundfehler dieser prunkvollen Ignorabimus-Rede schon wiederholt beleuchtet, so in meiner Schrift über „Freie Wissenschaft und freie Lehre" (1878, S. 78, 82) und im „Monismus" (7. Aufl., S. 39, 44). Durch die Entdeckung der realen Denkorgane wird ihr der Todesstoss versetzt. — Ueber das Verhältniss des Gehirns zum Bewusstsein vgl. auch AUGUST FOREL, Gehirn und Seele (Bonn 1894); B. CARNERI, Empfindung und Bewusstsein (Bonn 1893); LEOPOLD BESSER, „Was ist Empfindung?" (Bonn 1881); ALBRECHT RAU, Empfinden und Denken (München 1897).

**11.** (S. 15.) Unsterblichkeit der Wirbelthiere. Der hohe Werth, welcher noch heute in weitesten gebildeten Kreisen dem unvernünftigen Mythus von der „persönlichen Unsterblichkeit des Menschen" beigelegt wird, erklärt sich daraus, dass die meisten sogenannten „Gebildeten" theils mit den sie widerlegenden Ergebnissen der modernen Naturwissenschaft unbekannt sind, theils überhaupt nicht unbefangen über diesen und über andere Glaubenssätze nachdenken, welche ihnen in früher Jugend eingeprägt werden. Wenn die Person des Menschen wirklich „unsterblich" wäre, so müsste es auch diejenige der nächstverwandten Wirbelthiere sein, und vor Allen der Säugethiere; auch müsste dann die stufenweise Entwickelung der Grosshirnrinde, welche die vergleichende Anatomie in dieser höchstentwickelten Thierclasse aufweist, die verschiedenen Entwickelungs-Stufen der Unsterblichkeit andeuten. Vgl. hierüber D. F. STRAUSS, Der alte und der neue Glaube (14. Aufl., Bonn); LUDWIG BÜCHNER, Das künftige Leben und die moderne Wissenschaft (Leipzig 1889).

**12.** (S. 15.) Das universale Substanz-Gesetz. Das chemische Grundgesetz von der „Erhaltung des Stoffes" (LAVOISIER) und das physikalische Grundgesetz von der „Erhaltung der Kraft" (ROBERT MAYER, HELMHOLTZ) habe ich (1892) unter dem Begriffe des „Substanz-Gesetzes" zusammengefasst. (Der Monismus als Band zwischen Religion und Wissenschaft, Glaubensbekenntniss eines Naturforschers. Bonn 1892, 7. Aufl. 1898, S. 14, 39.) Man könnte dieses oberste Grundgesetz der modernen Naturwissenschaft auch als das „Constanz-Gesetz" bezeichnen, als die Lehre von der ewigen „Constanz der Energie und Materie" (*Constanz der Substanz*). Durch die Entdeckung der Denkorgane (Anm. 10) und deren Verknüpfung mit der Anthropogenie (Anm. 8) ist die universale Geltung des Substanz-Gesetzes auch für jenes letzte Erscheinungsgebiet erwiesen, für welches sie DU BOIS-REYMOND u. A. bestritten hatten, für jene Function des Principalhirns, welche wir als das menschliche „Bewusstsein" bezeichnen. Damit sind aber zugleich die drei gefürchteten „Central-Dogmen" vernichtet, die Citadelle der Unwissenheit und des Aberglaubens. Vergl. die treffliche neue Schrift von LUDWIG BÜCHNER: Am Sterbelager des Jahrhunderts. Blicke eines freien Denkers aus der Zeit in die Zeit. Giessen 1898.

**13.** (S. 16.) Die drei Central-Dogmen der Metaphysik. Wenn die dualistische und teleologische Philosophie der Gegenwart mit Emphase den „Rückgang auf Kant" predigt und dabei behauptet, dass die „kritische Philosophie" des grossen Königsberger Weltweisen die Grundlehren von „Gott, Freiheit und Unsterblichkeit" vor allen Angriffen der Naturwissenschaft sicher gestellt habe, so befindet sie sich in einem gewaltigen Irrthum. Unsere Schulphilosophen übersehen dabei den Uebelstand, dass der gealterte Kant beim weiteren Ausbau seiner „kritischen" Philosophie immer dogmatischer und mystischer wurde, ja, dass schon die apriorischen Grundlagen seines Kriticismus in Wahrheit dogmatisch waren; überall macht sich darin ein Dualismus geltend, indem „realistische und idealistische Elemente unvermittelt neben einander gestellt und keineswegs, auch nicht in der Kritik der Urtheilskraft, zu widerspruchsloser Harmonie mit einander verbunden sind" (Ueberweg, Geschichte der Philosophie).

Der Hauptmangel in Kant's Vorbildung war die Unkenntniss des menschlichen Organismus, seiner Anatomie und Physiologie. Freilich standen diese empirischen Grundlagen der Anthropologie damals noch auf einer sehr tiefen Stufe; hätte Kant über die ungeahnten Erkenntnisse verfügt, welche uns erst die Biologie des letzten halben Jahrhunderts erschlossen hat; hätte er eine klare Vorstellung von dem wunderbaren Gehirnbau, von der Zellentheorie, vom Transformismus und dem biogenetischen Grundgesetze gehabt, so würde sein System der kritischen Philosophie ganz anders ausgefallen sein; seine Biologie würde dann ebenso unserem heutigen Monismus entsprochen haben wie sein geniales kosmologisches Jugendwerk, die noch heute vollgültige „Allgemeine Naturgeschichte und Theorie des Himmels, oder Versuch von der Verfassung und dem mechanischen Ursprunge des ganzen Weltgebäudes, nach Newton'schen Grundsätzen abgehandelt" (1755). Allerdings hat ja auch späterhin der grosse Königsberger Denker noch öfter daran gedacht, dasselbe monistische „Princip des Mechanismus der Natur — ohne das es überhaupt keine Naturwissenschaft geben kann"! — auch für die Verfassung und Entstehung der organischen Natur geltend zu machen; ja er hat sogar gelegentlich über die einheitliche Entwicklung derselben Anschauungen geäussert, welche geradezu mit den Grundprincipien unserer heutigen Descendenz- und Selections-Theorie harmoniren. (Vergl. Fritz Schultze, Kant und Darwin. Ein Beitrag zur Geschichte der Entwicklungslehre. Jena 1875.) Allein näher darauf einzugehen, hinderte Kant seine Unbekanntschaft mit der Zoologie; und deren wichtigste Stützen, vergleichende Anatomie Ontogenie und Paläontologie, kamen erst in unserem Jahrhundert zur Geltung und Ausbildung.

**14. (S. 17.) Pithecanthropus, der Affenmensch.** Die Gattung *Pithecanthropus*, als hypothetisches Verbindungsglied zwischen den Menschenaffen (*Anthropoiden*) und den echten (sprechenden) Menschen hatte ich 1866 im zweiten Bande meiner „Generellen Morphologie" aufgestellt, in der „Systematischen Einleitung in die allgemeine Entwicklungsgeschichte" (S. 160); der Stammbaum des Menschen, S. 151; Ahnenreihe des Menschen, S. 428; die Anthropologie als Theil der Zoologie S. 432. In der ersten Auflage meiner „Natürlichen Schöpfungsgeschichte" (1868) führte ich diese hypothetische Uebergangsform als einundzwanzigste Stufe unserer thierischen Ahnenreihe mit folgender Charakteristik auf (S. 507): **Affenmenschen** (*Pithecanthropi*) **oder sprachlose Urmenschen** (*Alali*). Unmittelbare Zwischenform zwischen der 20. und 22. Stufe, zwischen den Menschenaffen und den echten Menschen. Entstanden aus den Menschenaffen oder *Anthropoiden* durch die vollständige Angewöhnung an den aufrechten Gang und die dem entsprechende stärkere Differenzirung der vorderen Extremität zur Greifhand, der hinteren zum Gangfuss. Obwohl sie durch die äussere Körperbildung den echten Menschen wohl noch näher als den Menschenaffen standen, fehlte ihnen doch noch das eigentlich charakteristische Merkmal des echten Menschen, die articulirte menschliche Wortsprache und die damit verbundene bewusste Begriffsbildung, beruhend auf gesteigerter Abstraction der Anschauungen. Solche Affenmenschen lebten wahrscheinlich gegen Ende der Tertiärzeit und im Beginn der Quartärzeit."

Als ich diese Hypothese vor 32 Jahren zuerst formulirte, und auch noch sechs Jahre später, als ich sie in der Anthropogenie (1874) näher zu begründen suchte, begegnete sie nicht nur allgemeinem Misstrauen, sondern auch von Seiten der sogenannten „exacten Anthropologen" dem entschiedensten Widerspruche und nicht selten dem schärfsten Spotte. (Was von dieser sogenannten „exacten" Anthropologie zu halten ist, habe ich in der neunten Auflage der Natürlichen Schöpfungsgeschichte [1898, S. 783, 800] an dem Beispiel von JOHANNES RANKE gezeigt.) In den drei Decennien, welche seitdem verflossen sind, hat sich die Sachlage in diesem grossen „Kampf um die Wahrheit" gewaltig geändert. Die Descendenz-Theorie, damals als „leere Hypothese" verworfen, gilt jetzt in der gesammten wissenschaftlichen Biologie als das werthvollste Hülfsmittel der causalen Erkenntniss. Ihre Anwendung auf den Menschen, die verspottete „Pithecoiden-Theorie", kann von der wirklich denkenden Anthropologie nicht mehr zurückgewiesen werden. Denn die Entdeckung des fossilen *Pithecanthropus erectus* durch EUGEN DUBOIS (1894) hat uns die versteinerten Knochen jenes „Affenmenschen", den ich hypothetisch construirt hatte, greifbar in die Hand gegeben.

Dass eine unbefangene und objective Kritik dem *Pithecanthropus erectus* wirklich diese bedeutungsvolle Zwischenstellung anweisen muss, hat u. A. sehr einleuchtend der Paläontologe W. DAMES gezeigt in seinem interessanten Artikel: „Pithecanthropus, ein Bindeglied zwischen Affe und Mensch" (Deutsche Rundschau, Berlin 1896, Bd. 88, S. 368—384). Derselbe hat dort auch die verschiedenen Ansichten, die darüber auf dem Zoologen-Congresse in Leyden 1895 geäussert wurden, statistisch zusammengestellt; er bemerkt dazu sehr richtig: „Bringt grosse Meinungsverschiedenheit sonst wohl Unsicherheit und Schwanken mit sich, so kann sie hier geradezu als starke Stütze der Uebergangsnatur von *Pithecanthropus* verwerthet werden."

Die Gegner der Abstammungslehre und ihrer Anwendung auf den Menschen sind nunmehr eines ihrer beliebtesten Einwände beraubt; sie werden aufhören müssen, von dem berufenen „*Missing link*" zu sprechen; denn dieses „fehlende Bindeglied zwischen Affe und Mensch" liegt in den versteinerten Resten des *Pithecanthropus erectus* handgreiflich vor ihren Augen, und insofern könnte man sagen, dass diese Entdeckung von DUBOIS für die Anthropologie eine grössere Bedeutung besitzt als die gepriesene Entdeckung der „Röntgen-Strahlen" für die Physik.

Uebrigens habe ich schon vor 30 Jahren (l. c.) darauf hingewiesen, dass die vermissten und gesuchten „Bindeglieder" auch heute noch unter uns leben. Denn die wahre Uebergangsstellung der noch lebenden Menschenaffen (Gibbon und Orang in Asien, Schimpanse und Gorilla in Afrika) kann man auch so beurtheilen, wie es später namentlich in der Aufstellung der Primarier-Gruppe durch ROBERT HARTMANN geschah: Diese „modernen Menschenaffen oder *Anthropoiden*" sind die „*Missings links*, welche den Uebergang von den echten Affen (Simiae) zu den echten Menschen (Homines) noch heute anschaulich vor Augen führen."

**15.** (S. 19.) **Pithecoide Menschen-Arten** (Pygmäen). Unter den jetzt noch lebenden Menschen-Species stehen nach unseren jetzigen anthropologischen Kenntnissen zwei Pygmäen-Arten der gemeinsamen längst ausgestorbenen Stammform des Menschengeschlechts, und somit auch deren nächster Ahnenform, dem *Pithecanthropus*, am nächsten. Es sind dies die Weddas auf Ceylon und die Akkas in Central-Afrika; die Ersteren sind von den beiden Vettern Sarasin vortrefflich beschrieben, die Letzteren von Schweinfurth. In dem verbesserten „Stammbaum der zwölf Menschen-Arten", welchen ich in der letzten Auflage der natürlichen Schöpfungsgeschichte (1898, S. 743) entwarf, habe ich die Weddas an die Wurzel des schlichthaarigen Menschenstammes gestellt, die Akkas an die Wurzel des wollhaarigen Stammes; beide Hauptstämme des Menschengeschlechts hängen wahrscheinlich nur unten an der gemeinsamen (pliocänen?) Wurzel zusammen. Vergl. darüber meinen Aufsatz über „Die Urbewohner von Ceylon" in der Deutschen Rundschau (1893, Bd. 77, S. 367—385); Indische Reisebriefe, 3. Aufl. 1893, S. 353. Ich habe darin die vielseitig interessante Darstellung der Weddas besprochen, welche die Doctoren Paul und Fritz Sarasin in dem 3. und 4. Bande ihres grossen Prachtwerkes „Ergebnisse naturwissenschaftlicher Forschungen auf Ceylon" gegeben haben: „Die Weddas von Ceylon und die sie umgebenden Völkerschaften, ein Versuch, die in der Phylogenie des Menschen ruhenden Räthsel der Lösung näher zu bringen" (mit einem Atlas von 84 Tafeln, 1893). — Ueber die „Stellung der Pygmäen in dem anthropologischen System", vergl. Julius Kollmann, Der Mensch (Basel 1895), S. 145.

Die Wedda's in Ceylon und die Akkas in Central-Afrika können eben so gut als besondere „gute Arten" oder „*Bonae Species*" des Genus *Homo* unterschieden werden wie die Mittelländer, die Mongolen, Papuas u. s. w. Die Unterschiede der Körperbildung in diesen verschiedenen Arten des Menschengeschlechts sind viel bedeutender als diejenigen, welche allgemein von den Zoologen zur Unterscheidung mehrerer Arten einer Thiergattung benutzt werden. Aber trotzdem halten noch heute die meisten Anthropologen an dem alten Dogma von der sogenannten „Art-Einheit des Menschen-Geschlechts" fest, und fortdauernd wird noch eine Masse Papier über diese ganz gleichgültige Frage unnütz verschrieben. Der weitschauende Lamarck hatte schon 1809 am Eingange seiner *Philosophie zoologique* betont, dass der Begriff der Art oder *Species* ebenso unbestimmt und schwankend sei, ebenso eine künstliche Abstraction des Systematikers wie die übrigen Begriffe der Gattung, Ordnung, Classe u. s. w. Nachdem Darwin 1859 dem Transformismus ein festes Fundament gegeben und gezeigt hatte, wie verschiedene Species aus Varietäten einer einzigen Art hervorgehen, war das alte Dogma von der „Constanz der Species" definitiv vernichtet. Den ausführlichen Beweis dafür gab ich in meiner „Begriffsbestimmung der Kategorien des Systems", im 24. Capitel der „Generellen Morphologie" (1866, Bd. 2, S. 374—401: Principien der Classification).

Gerade die Vergleichung der verschiedenen Menschen-Arten einerseits und der verschiedenen Affen-Arten einer Gattung andererseits, ferner die Vergleichung der Primaten-Species im Allgemeinen liefern für diese Ansicht neue Beweise. Auch Dames (l. c. p. 384) bemerkt bei dieser Gelegenheit: „Die so verschiedenen Merkmale der sogenannten 'Rassen' würden, wenn es sich nicht gerade um Menschen handelte, von jedem Zoologen zur Zerspaltung in mehrere Gattungen und zahlreiche Arten benutzt werden." In gleichem Sinne hatte schon vor langer Zeit der alte Paläontologe Quenstedt gesagt: „Wenn Neger und Kaukasier Schnecken wären, so würden die Zoologen mit allgemeiner Uebereinstimmung sie für zwei ganz vortreffliche Species ausgeben, die nimmermehr durch allmähliche Abweichung von einem Paare entstanden sein könnten." Uebrigens hat bis zum heutigen Tage kein einziger Vertheidiger der Species-Constanz eine befriedigende Definition von dem absoluten Wesen der Species geben können — aus dem einfachen Grunde, weil dies unmöglich ist. (Vergl. meine Natürl. Schöpfungsgesch., 9. Aufl. 1898, S. 266, 738, 772 etc.)

**16.** (S. 19) **Pithecoide Menschen-Schädel.** Unter den zahlreichen genau beschriebenen Menschen-Schädeln, welche sich der Bildung des Affen-Schädels stark annähern, ist der von Nehring beschriebene Brasilianer Schädel besonders interessant. (Vergl. die Berliner Naturwissensch. Wochenschrift vom 17. November 1895, Bd. 10, Nr. 46, S. 549.) Dieser „pithecanthropus-ähnliche Menschenschädel aus den Sambaquis von Santos in Brasilien" zeigt die auffallende Einschnürung am Schläfentheil des Stirnbeins — welche nach Virchow ein sicheres Zeichen seiner Affen-Natur sein sollte! — sogar stärker als der fossile Pithecanthropus von Java; sie beträgt bei letzterem 90—91, bei ersterem 92, beim Gorilla 68, beim Schimpanse 67 cm. Diese Thatsache ist um so merkwürdiger, als in Brasilien — wie in ganz Amerika — niemals Menschenaffen gelebt haben; die amerikanischen Ureinwohner sind alle ursprünglich aus der alten Welt eingewandert und Nachkommen von asiatischen Affenmenschen (vgl. Natürl. Schöpfungsgesch. 9. Aufl. 1898, S. 748, Tafel 30). Den kritischen Bemerkungen, welche Nehring, ein sehr kenntnissreicher Paläontologe und genauer Kenner des Säugethier-Skelettes, bei dieser Gelegenheit über Dubois' bedeutungsvolle Entdeckung macht, schliesse ich mich durchaus an. Ich hatte in ähnlichem Sinne mich 1895 schon geäussert, bevor noch die Debatte im Zoologen-Congress zu Leyden stattfand (Systematische Phylogenie, Bd. III, S. 633).

**17.** (S. 20.) **Opposition gegen die Primaten-Descendenz des Menschen: Virchow.** In der feierlichen Eröffnungsrede, welche Virchow vor vier Jahren auf dem Anthropologen-Congress in Wien hielt, behauptete derselbe, „**dass der Mensch ebensogut vom Schafe oder vom Elephanten als vom Affen abstammen könne**". Wenn dieser absurde Satz ernstlich gemeint ist, so beweist er nur auf's Neue die längst bekannte Thatsache, dass Virchow — obwohl Schüler von Johannes Müller! — nicht mehr das geringste Verständniss für vergleichende Anatomie und systematische Zoologie besitzt, ebensowenig wie für die wichtigsten sachen der Paläontologie und der vergleichenden Ontogenie. Wenn aber jener berüchtigte Satz dazu dienen soll, die verhasste „Affen-Theorie" lächerlich zu machen und durch einen jämmerlichen Witz zu beseitigen, dann können wir nur bedauern, dass ein verdienter Naturforscher von so hohem Rufe kein besseres Mittel weiss, um das schwere Gewicht seiner Autorität in der wichtigsten und ernstesten aller Untersuchungen, in der „Frage aller Fragen" geltend zu machen.

Zu meinem aufrichtigen Bedauern bin ich genöthigt, auch bei dieser Gelegenheit wieder auf die völlige Grundlosigkeit von Virchow's Behauptungen hinzuweisen, und auf den gänzlichen Mangel an empirischen Beweisen für seine unhaltbare Opposition gegen unsere Entwicklungslehre. Denn die wohlverdiente Autorität, welche der berühmte Pathologe durch seine Begründung der Cellular-Pathologie vor vierzig Jahren erworben hat — zum Theil auch durch seine unermüdliche Thätigkeit in politischen und socialen Kämpfen — verleiht ihm noch heute in weitesten Kreisen das Ansehen eines wissenschaftlichen Papstes, der zur unfehlbaren Entscheidung jeder biologischen Frage, also auch zur Vernichtung der „Affen-Theorie" berechtigt ist. Vor Allen sind es auch heute noch die orthodoxen Priester aller Kirchenreligionen und die klerikalen Organe der verschiedensten Richtungen — die geschworenen Vertheidiger des Aberglaubens und die Todfeinde der Gedankenfreiheit —, welche sich beständig auf Virchow's Autorität zu ihren Gunsten berufen. So geschah es schon vor einundzwanzig Jahren, als ich auf der Deutschen Naturforscher-Versammlung in München (1877) „die heutige Entwicklungslehre im Verhältniss zur Gesammtwissenschaft" beleuchtet hatte. Damals trat Virchow unmittelbar nachher derselben auf's Schärfste entgegen und behauptete zur einstimmigen Befriedigung des Klerus und der Reaction, dass der Transformismus eine unbewiesene Hypothese, die Abstammung des Menschen vom Affen unmöglich und die Seelenthätigkeit nicht lediglich Function des Gehirns sei. Seitdem ist wohl kein Jahr vergangen, ohne dass der beredte Pathologe seinem Antagonismus gegen die moderne Entwickelungslehre Ausdruck gegeben und den natürlichen Ursprung des Menschen aus einer Reihe von Wirbelthier-Ahnen auf das Entschiedenste bekämpft hätte.

Das klare Urtheil über diese höchst bedauerlichen Thatsachen kann um so leichter getrübt werden, als die Ueberzeugungen des jugendlichen Virchow vor einem halben Jahrhundert gänzlich verschieden und den späteren Anschauungen geradezu entgegengesetzt waren. Die originelle Hauptarbeit des berühmten Pathologen, durch welche er die „cellulare" Reform der wissenschaftlichen Medicin herbeiführte, fällt in die Zeit seines Aufenthaltes in Würzburg (1849—1856). Hier schuf er, in dem befruchtenden Verkehr mit den führenden Histologen Kölliker und Leydig, die Grundlagen seiner Cellular-Pathologie; hier beleuchtete er aber auch in einer Reihe von geistreichen Abhandlungen jene „Einheit des menschlichen Organismus", welche zu den wichtigsten Thesen unseres modernen Monismus gehört. Nachdem Virchow 1856 nach Berlin übergesiedelt war, trat allmählich eine zunehmende Entfremdung von jenen monistischen Ueberzeugungen ein und zuletzt ein völliger Uebergang in das Lager des mystischen Dualismus. Vergl. hierüber meine Schrift über: „Freie Wissenschaft und freie Lehre, eine Entgegnung auf Rudolf Virchow's Rede über die Freiheit der Wissenschaft im modernen Staate." (Stuttgart 1878).

Nachdem die englische Uebersetzung dieser Vertheidigungsschrift erschienen war, schrieb mir Charles Darwin (am 29. April 1879) eigenhändig folgenden Brief:

„*My dear Haeckel!*

*I have just finished reading the English Translation (— for from want of time I had defered reading the French Translation —) of Your „Freedom in Science" etc., and you must let me have the pleasure of saying how much I admire the whole of it. It is a most interesting essay, and I agree with all of it. Virchow's conduct is shameful, and I hope he will someday feel the shame. What an amusing Preface that of Huxley is!*

*With all good wishes*
*Yours very sincerely*
Charles Darwin.

(*Down, Beckenham, Kent. April 29. 1879.*)

**18.** (S. 24.) **Phyletische Einheit der Säugethier-Classe.** Die übereinstimmenden Zeugnisse der drei grossen phylogenetischen Urkunden bezeugen so unzweideutig die **gemeinsame Abstammung aller Säugethiere von einer einzigen Stammform, dass wir diese bedeutungsvolle Erkenntniss jetzt als eine historische Thatsache behaupten müssen.** Die philosophische Tragweite derselben ist unermesslich; denn dadurch allein schon wird jene falsche **anthropistische Weltanschauung** widerlegt, welche durch unseren mythologischen Glaubens-Unterricht uns schon in frühester Jugend eingeprägt wird (vgl. meine Systematische Phylogenie, Bd. III, 1895, S. 646: *Anthropogenie und Anthropismus*). Für die allgemeine Bedeutung dieser historischen Thatsache ist es ganz gleichgültig, in welcher Reihenfolge man die Säugethier-Ahnen des Menschen aufführt, und wie man sie von niederen Wirbelthieren (Reptilien oder Amphibien) ableitet; und ebenso ist es dafür gleichgültig, wie man den ganzen Stamm der Wirbelthiere hypothetisch aus wirbellosen Ahnen entstanden denkt.

**19.** (S. 28.) **Eizelle des Menschen.** Die phylogenetische Bedeutung der Eizelle und ihrer Entwicklung beim Menschen kann nicht genug betont werden. Denn alle die merkwürdigen Vorgänge, durch welche aus diesem einfachen kugeligen Plasmakörper der Keim und aus diesem wiederum der Wirbelthier-Körper entsteht, sind beim Menschen im Wesentlichen **genau dieselben wie bei allen übrigen Säugetieren**, und im Einzelnen dieselben wie bei den nächstverwandten **Menschenaffen.** Vgl. darüber Emil Selenka, Studien über Entwicklungsgeschichte der Thiere. 5. Heft, mit 12 Tafeln. Wiesbaden 1892. (Affen Ostindiens.) Wie bei allen anderen Wirbelthieren, so lässt sich auch beim Menschen der **Beginn der individuellen Existenz** haarscharf bestimmen; er erfolgt im Momente der **Befruchtung.** Wenn nach erfolgter Begattung die beiderlei Geschlechtszellen — die kugelige weibliche Eizelle der Mutter und die fadenförmige männliche Spermazelle des Vaters — zusammentreffen, verschmelzen sie zur Bildung einer neuen Zelle, der **Stammzelle** (*Cytula*). Das Moment, in welchem ihre beiderlei Kerne sich zur Bildung eines neuen Zellkernes vereinigen, ist der wirkliche Beginn der persönlichen Existenz. Durch diese Thatsache allein schon wird das Dogma der **persönlichen Unsterblichkeit** widerlegt. Vgl. meine Anthropogenie, 4. Aufl., 1891, S. 129, 149.

**20.** (S. 30.) **Länge der phylogenetischen Zeiträume.** Von grösster Wichtigkeit für das naturgemässe Verständniss der ganzen Stammesgeschichte — und ganz besonders derjenigen des Menschen! — ist eine klare Vorstellung von der **ungeheuren Länge der Zeiträume,** innerhalb deren die stufenweise Entwicklung des organischen Lebens auf unserem Planeten stattgefunden hat. Aus den Gründen, welche ich im 16. Vortrage meiner „Natürlichen Schöpfungsgeschichte" (9. Aufl., 1898, S. 387) angeführt habe, ist es unmöglich, die Zahl ihrer Jahrtausende auch nur mit annähernder Sicherheit in Zahlen abzuschätzen. Die meisten Geologen sind jetzt wohl der Ansicht, dass seit Beginn des organischen Lebens mindestens **hundert Millionen Jahre** verflossen sind. Wie sehr aber die Schätzungen differiren, zeigt die Thatsache, dass man nach einer genauen geologischen Berechnung aus neuester Zeit (1897, von Goodchild) jene Zeitlänge auf mindestens **vierzehnhundert Millionen Jahre** schätzt — davon allein 93 Millionen auf die relativ kurze Tertiärzeit! — Dagegen machte Reverend Stebbing auf dem Congresse in Cambridge — im Anschluss an meinen Vortrag vom 26. August —

geltend, dass nach einer physikalisch-astronomischen Berechnung von Sir William Thomson die Länge jenes Zeitraumes nicht mehr als 25 Millionen Jahre betragen habe. Ich musste darauf entgegnen, dass ich erstens die empirischen Grundlagen aller jener Berechnungen für unvollständig, zweitens auch die Methode ihrer Wahrscheinlichkeits-Rechnung für unsicher halten muss, und dass ich drittens ganz ausser Stande bin, mir jene ungeheueren Zeitmaasse auch nur annähernd anschaulich vorzustellen. Ob ich die Zeitdauer des organischen Erdenlebens auf 25 oder 100 oder 1400 Millionen Jahre schätze, ist für die Anschauung meiner Phantasie vollkommen gleichgültig, und so wird es auch wohl bei den meisten anderen Menschen der Fall sein. Auf alle Fälle besass dieser Zeitraum — also mindestens 25000 Jahrtausende! — eine ganz ungeheuere Länge, vollkommen ausreichend, um auch bei sehr langsamem Schritte der organischen Transformation den Formenwechsel der Thier- und Pflanzen-Arten auf unserem Erdball begreiflich zu machen! Und darauf allein kommt es bei dieser Frage an.

Wenn wir also auch ganz ausser Stande sind, die **absolute Länge** der phylogenetischen Zeiträume annähernd sicher zu bestimmen, so besitzen wir dagegen andererseits sehr wohl die Mittel, die **relative Länge der einzelnen Perioden** derselben annähernd abzuschätzen. Die empirischen Grundlagen dazu liefert uns die verschiedene Dicke der über einander liegenden Gebirgsmassen, welche während derselben aus dem Wasser abgelagert wurden. (Vgl. hierzu Credner, Elemente der Geologie, 8. Aufl. 1897; Neumayr, Erdgeschichte, 2. Aufl. 1895, S. 387.) Auf Grund dieser Vergleichungen und anderer moderner Schätzungen würden **Hundert Millionen Jahre** — als Minimalzahl angenommen! — auf die Hauptperioden der organischen Erdgeschichte sich etwa folgendermassen vertheilen:

I. **Archozoische oder Primordial-Zeit** (vom Beginn des organischen Lebens bis zum Ende der cambrischen Schichtenbildung) . . . . . . . . . . 52 Millionen

II. **Paläozoische oder Primär-Zeit** (vom Beginn der silurischen bis zum Ende der permischen Schichtenbildung) . . . . . . . . . . . . . . . . . . . 34 „

III. **Mesozoische oder Secundär-Zeit** (vom Beginn der Triasperiode bis zum Ende der Kreideperiode) . 11 „

IV. **Cänozoische oder Tertiär-Zeit** (vom Beginn der eocänen bis zum Ende der pliocänen Periode . . 3 „

V. **Anthropozoische oder Quartär-Zeit** (vom Beginn der menschlichen Sprachbildung bis zur Gegenwart) . . . . . . . . . . . . . . . . . . . 0,1 „

Mit Bezug auf diesen letzten, für unsere Betrachtung wichtigsten Abschnitt ist jedoch zu bemerken, dass dessen Zeitdauer, entsprechend der verschiedenen Schlussfolgerung aus den modernen prähistorischen Forschungen, sehr verschieden geschätzt wird. Während einige neuere Anthropologen für die Existenz des Menschengeschlechts auf der Erde ungefähr eine Million Jahre annehmen, schätzen die meisten deren Dauer auf eine halbe Million oder noch weniger; doch wird jetzt fast allgemein angenommen, dass seitdem **mindestens hunderttausend Jahre** verflossen sind. Jedenfalls ist dieser Zeitraum viel länger, als man noch um die Mitte unseres Jahrhunderts allgemein annahm, und als durch unseren mangelhaften historischen Unterricht den Schulkindern leider irrthümlich eingeprägt wird.

Es wäre für den Fortschritt unserer wissenschaftlichen Bildung höchst wünschenswerth, dass in der Schule schon frühzeitig den Kindern eine ungefähre Vorstellung von dem ungeheuren Alter der Erde und ihrer organischen Bevölkerung beigebracht würde; dadurch würde ihr Begriff von der Unendlichkeit der Zeit ebenso gefördert werden, wie durch den Anblick des gestirnten Himmels ihr Begriff von der Unendlichkeit des Raumes.

Ueberhaupt gehören die **Elemente der historischen Geologie** — eine der interessantesten und erhebendsten Wissenschaften! — zu jenen unschätzbaren Bildungsmitteln, welche in jeder Schule (im natürlichen Anschluss an die **Geographie**) gelehrt werden sollten. Die Kinder würden dadurch schon frühzeitig vor dem geocentrischen Irrthum und vor dem verderblichen, damit verknüpften **anthropolatrischen Grössenwahn** behütet werden, der Quelle unzähliger Uebel. Indem dieser letztere sich mit dem alten anthropocentrischen Dogma verbindet, erhebt er den pithecogenen menschlichen Organismus zum Mittelpunkt der Welt, und indem beide Dogmen mit dem Glauben an einen anthropomorphen Schöpfer verknüpft werden, führen sie zu dem noch jetzt herrschenden **Homotheismus**. Der Gottes-Begriff gestaltet sich darin zu der paradoxen Hypothese eines „Gasförmigen Wirbelthieres" (vgl. den III. Band meiner Systematischen Phylogenie, 1895, § 459: Anthropogenie und Anthropismus). Dagegen befriedigt die Erkenntniss seines wahren Ursprungs nicht nur das Causalitätsbedürfniss des denkenden Menschen, sondern sie wird für ihn auch ein mächtiger Sporn zum weiteren Fortschritt auf der Bahn des **Wahren**, des **Guten** und des **Schönen**.

# Verzeichniss der Anmerkungen.

|  |  | Seite |
|---|---|---|
| 1. | System der Primaten | 34 |
| 2. | Stammbaum der Primaten | 35 |
| 3. | Progonotaxis des Menschen | 36 |
| 4. | Erläuterung der Progonotaxis | 38 |
| 5. | Kritik der Progonotaxis | 38 |
| 6. | Lamarck und Darwin | 41 |
| 7. | Anthropologie und Zoologie | 41 |
| 8. | Anthropogenie | 41 |
| 9. | Phylogenie der Menschenseele | 42 |
| 10. | Entdeckung der Denkorgane | 44 |
| 11. | Unsterblichkeit der Wirbelthiere | 45 |
| 12. | Das universale Substanz-Gesetz | 45 |
| 13. | Die drei Central-Dogmen | 45 |
| 14. | Pithecanthropus, der Affenmensch | 46 |
| 15. | Pithecoide Menschen-Arten (Pygmäen) | 48 |
| 16. | Pithecoide Menschen-Schädel | 49 |
| 17. | Opposition gegen die Primaten-Descendenz | 49 |
| 18. | Phyletische Einheit der Säugethier-Classe | 51 |
| 19. | Eizelle des Menschen | 51 |
| 20. | Länge der phylogenetischen Zeiträume | 51 |

Pierer'sche Hofbuchdruckerei Stephan Geibel & Co. in Altenburg.

Schriften zur Förderung einer freien und wissenschaftlich durchgebildeten Weltanschauung im deutschen Volke.

**Alfred Kröner Verlag in Stuttgart.**

**Baumann, J.**, ord. Prof. a. d. Universität Göttingen, **Neuchristenthum und reale Religion**. Streitschrift wider Harnack und Steudel.
Preis 1 Mark 60 Pf.

**Bender, Wilh. D.**, ord. Prof. a. d. Universität Bonn, **Reformation und Kirchentum**. Eine akademische Festrede zur Feier des vierhundertjährigen Geburtstages Martin Luthers. 9. Auflage. Preis 1 Mark 20 Pf.

**Carneri, B., Der moderne Mensch.** Versuche über Lebensführung. 7. Auflage. Mit einem Bildnisse des Verfassers in Lichtdruck.
Gebunden Preis 4 Mark.

**Carneri, B., Der moderne Mensch. Volksausgabe.**
Kartoniert Preis 1 Mark.

**Carneri, B.,** Empfindung und Bewußtsein. Monistische Bedenken.
Preis 1 Mark.

**Forel, August**, Professor a. d. Universität Zürich, **Gehirn und Seele**. Vortrag, gehalten bei der 66. Versammlung deutscher Naturforscher und Aerzte in Wien. 8. Auflage. Preis 1 Mark.

**Haeckel, Ernst, Die Welträthsel.** Gemeinverständliche Studien über monistische Philosophie. 8. Auflage. Mit einem Bildnisse des Verfassers in Lichtdruck. Geheftet Preis 8 Mark; in Leinwand gebunden 9 Mark.

**Haeckel, Ernst, Die Welträthsel. Volksausgabe.** Mit einem Nachwort: „Das Glaubensbekenntniß der Reinen Vernunft".
Kartoniert Preis 1 Mark.

**Haeckel, Ernst, Die Lebenswunder.** Gemeinverständliche Studien über biologische Philosophie. Ergänzungsband zu dem Buche über die Welträthsel. Geheftet Preis 8 Mark; in Leinwand gebunden 9 Mark.

**Haeckel, Ernst, Gemeinverständliche Vorträge und Abhandlungen aus dem Gebiete der Entwickelungslehre.** 2. Auflage. 2 Bände mit 80 Abbildungen im Text und 2 Tafeln in Farbendruck.
Geheftet Preis 12 Mark; gebunden Leinen 13 Mark 50 Pf.; Halbfranz 15 Mark.

**Haeckel, Ernst, Aus Insulinde, Malayische Reisebriefe.** Mit 72 Abbildungen und 4 Karten im Texte und 8 ganzseitigen Einschaltbildern.
In Leinwand gebunden Preis 10 Mark.

**Haeckel, Ernst, Der Monismus als Band zwischen Religion und Wissenschaft.** Glaubensbekenntniß eines Naturforschers, vorgetragen am 9. Oktober 1892 in Altenburg beim 75jähr. Jubiläum der naturforschenden Gesellschaft des Osterlandes. 11. Auflage. Preis 1 Mark 60 Pf.

**Haeckel, Ernst, Ueber unsere gegenwärtige Kenntniß vom Ursprung des Menschen.** Vortrag, auf dem internationalen Zoologen-Congreß in Cambridge am 26. August 1898 gehalten. 8. Auflage.
Preis 1 Mark 60 Pf.

## Alfred Kröner Verlag in Stuttgart.

**Hertz, Heinrich**, † Professor der Physik a. d. Universität Bonn, **Ueber die Beziehungen zwischen Licht und Elektricität.** Vortrag, gehalten auf der 62. Naturforscher-Versammlung in Heidelberg. 11. Auflage. Preis 1 Mark.

**Pflüger, Alex.**, **Smaragd=Inseln der Südsee.** Reiseeindrücke und Plaudereien. Mit 5 Karten und 144 Abbildungen im Text, 8 ganzseitigen Einschaltbildern und einer Uebersichtskarte.
In Leinwand gebunden Preis 10 Mark.

**Ribot, Th.**, Mitglied der Akademie und Prof. a. d. Universität Paris, **Die Schöpferkraft der Phantasie** (L'imagination créatrice). Eine Studie. Autorisirte deutsche Ausgabe von Werner Mecklenburg.
In Leinwand gebunden Preis 6 Mark.

**Schmidt, Heinrich** (Jena), **Der Kampf um die „Welträthsel".** Ernst Haeckel, die „Welträthsel" und die Kritik. Preis 1 Mark 60 Pf.

**Schopenhauer, Arthur**, **Aphorismen zur Lebensweisheit.** Ueber den Tod. Leben der Gattung. Erblichkeit der Eigenschaften. **Volksausgabe.**
Kartoniert Preis 1 Mark.

**Strauß, David Friedrich, Werke.** Herausgeg. von Eduard Zeller. **Auswahl** in 6 Bänden in 5 eleg. Liebhabereinbänden. Preis 20 Mark.
Inhalt der 6 Bände:
1. Band: **Kleine Schriften.** Preis gebunden 4 Mark 50 Pf.
2. u. 3. Band: **Das Leben Jesu** für das deutsche Volk bearbeitet.
Preis in 1 Band gebunden 6 Mark.
4. Band: **Der alte und der neue Glaube.** Ein Bekenntniß.
Preis gebunden 4 Mark 50 Pf.
5. Band: **Ulrich von Hutten.** Eine Biographie. Preis gebunden 4 Mark 50 Pf.
6. Band: **Voltaire.** Sechs Vorträge. Preis gebunden 4 Mark 50 Pf.
Die Bände sind auch einzeln zu den beigesetzten Preisen käuflich.

**Strauß, David Friedrich, Gesammelte Schriften.** Nach des Verfassers letztwilligen Bestimmungen zusammengestellt. Eingeleitet und mit erklärenden Nachweisungen versehen von Eduard Zeller. Mit zwei Portraits. 12 Bände. Preis 60 Mark: in 12 Halbfranzbände gebunden 80 Mark.

**Strauß, David Friedrich, Ausgewählte Briefe.** Herausgegeben und erläutert von Eduard Zeller. Mit einem Portrait.
Preis 2 Mark: gebunden 3 Mark.

**Strauß, David Friedrich,** Das Leben Jesu. Für das deutsche Volk bearbeitet. 2 Teile. **Volksausgabe** in 2 Bänden.
Kartoniert Preis 2 Mark.

**Strauß, David Friedrich,** Der alte und der neue Glaube. Ein Bekenntniß. **Volksausgabe.** Kartoniert Preis 1 Mark.

**Strauß, David Friedrich,** Poetisches Gedenkbuch. Gedichte aus dem Nachlasse. Eingeleitet durch Eduard Zeller. 2. Auflage. Mit einem Portrait. Preis 2 Mark: gebunden 3 Mark.

**Zeller, Eduard**, Professor a. d. Universität Berlin, **David Friedrich Strauß** in seinem Leben und seinen Schriften. 2. Auflage. Preis 3 Mark.

Zu beziehen durch die meisten Buchhandlungen.

# Schriften von Ernst Haeckel:

**Gemeinverständliche Vorträge und Abhandlungen** aus dem Gebiete der Entwickelungslehre. 2. Auflage. 2 Bände mit 81 Abbildungen im Text und 2 Tafeln in Farbendruck. Preis 12 Mk.; geb. Leinen 13 Mk. 50 Pf.; Halbfranz 15 Mk.

**Aus Insulinde.** Malayische Reisebriefe. Mit 72 Abbildungen, 4 Karten im Text und 8 ganzseitigen Einschaltbildern.
Preis geb. 10 Mk.

**Der Monismus als Band zwischen Religion und Wissenschaft.** Glaubensbekenntniß eines Naturforschers, getragen am 9. Oktober 1892 in Altenburg beim 75jähr. Jubiläum der Naturforschenden Gesellschaft des Osterlandes. 11. Auflage.
Preis 1 Mk. 60 Pf.

**Ueber unsere gegenwärtige Kenntniß vom Ursprung des Menschen.** Vortrag, gehalten auf dem Internationalen Zoologen-Congreß in Cambridge am 26. August 1898. 8. Auflage.
Preis 1 Mk. 60 Pf.

**Die Welträthsel.** Gemeinverständliche Studien über monistische Philosophie. 8. Auflage. Mit 1 Bildniße des Verfassers in Lichtdruck.
Preis 8 Mk.; geb. 9 Mk.

**Die Welträthsel. Volksausgabe.** Mit einem Nachwort: „Das Glaubensbekenntniß der Reinen Vernunft".
Preis kart. 1 Mk.

**Die Lebenswunder.** Gemeinverständliche Studien über biologische Philosophie. Ergänzungsband zu dem Buche über die Welträthsel.
Preis 8 Mk.; geb. 9 Mk.

Alfred Kröner Verlag in Stuttgart.